◆幼儿园教师必备丛书·第三辑

幼儿成长案例解读

张洪梅◎编著

上海科学普及出版社

图书在版编目（C I P）数据

幼儿成长案例解读 / 张洪梅编著. -- 上海 : 上海科学普及出版社, 2018.9（2023.12重印）
（幼儿园教师必备丛书. 第三辑）
ISBN 978-7-5427-6886-5

Ⅰ. ①幼… Ⅱ. ①张… Ⅲ. ①幼儿园－教育管理 Ⅳ. ①G617

中国版本图书馆CIP数据核字(2017)第094069号

责任编辑　李　蕾

幼儿园教师必备丛书·第三辑

幼儿成长案例解读

张洪梅　编著

上海科学普及出版社出版发行
（上海中山北路832号　邮政编码200070）
http://www.pspsh.com

各地新华书店经销　山东博雅彩印有限公司印刷
开本787 × 1092　1/16　印张100　字数800 000
2018年9月第1版　2023年12月第3次印刷

ISBN 978-7-5427-6886-5　定价：298.00元（全10册）

前言

2001年国家颁布的《幼儿园教育指导纲要（试行）》中明确指出："教师应成为幼儿学习活动的支持者、合作者、引导者。"幼儿教师的教学质量决定着学前教育的质量，高素质专业化的幼儿教师队伍是高质量教育和儿童健康发展的重要保障。幼儿教师需要不断学习、提高，都应具有终身学习与持续发展的意识和能力。

你遇到过以自我为中心的孩子吗？他们有时候很自私，很霸道，有时也会遭到大多数小朋友的排斥或孤立。你遇到过性格内向的孩子吗？他们不敢说话，喜欢独处，成为班级里可有可无的人……在幼儿教师的工作中，总会面对有着这样或者那样"个性"的爱捣蛋、爱淘气、爱咬人、爱骂人的孩子，他常常不知道如何应对，更不知道如何帮助这些孩子。

针对这种情况，本书从性格、习惯、交往、行为、语言五大方面入手，列举了教学过程中经常出现的案例，并对幼儿在成长过程中的心理变化以及幼儿教师和家长在这个过程中所起的作用进行分析和解读，帮助幼儿教师针对不同案例，采取相应的改进措施，具体指导教师如何"应对"各种性格的孩子，以达到不断提高幼儿教师专业素养、保障幼儿健康成长的目的。

目录

第一章 性格方面案例解读

第二章 习惯方面案例解读

目录

目 录

目 录

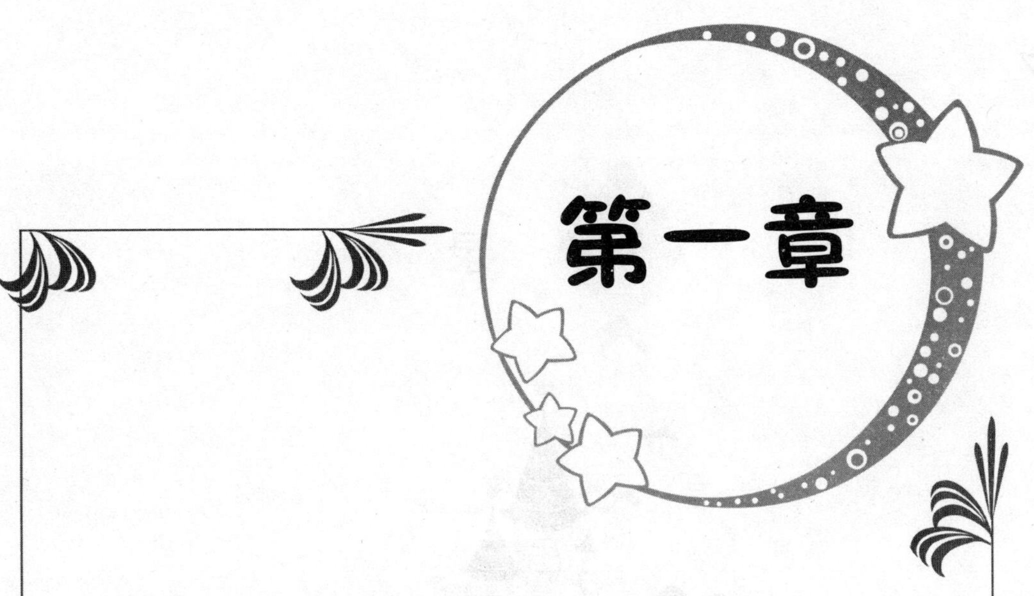

第一章

性格方面案例解读

案例1：出了名的小霸王

1. 案例背景

在幼儿园，幼儿除了要与老师进行交往，更多地是与同伴之间所发生的交往。幼儿学会为别人着想，关心别人，帮助别人，谦让别人这都是在生活中父母和老师培养、教育的结果。老师在日常生活中，可以发现在个别幼儿身上出现的缺乏善解人意，不替别人着想，不愿意与他人分享的现象。

2. 案例对象

入园不久，小京成了班里出了名的“小霸王”，只要有人想和他分享东西，他不但不愿意与他人分享，甚至还会出现打人的情况，大多数幼儿对他都害怕三分，都不愿意与他交往。

3. 案例

☆ 实录一 ☆

星期一下午的户外活动课上，老师组织幼儿开展活动“小猫钓鱼”，大家很喜欢这个游戏活动。但不一会儿，传来了一阵哭喊声。原来班里的子轩摔倒在地上。

【教师介入】

老师马上跑过去，一边安抚子轩，一边问：“子轩，你怎么哭了？”

子轩边哭边将小手指向站在他旁边的小京。

老师问小京：“你推他了？”

小京看了看老师，一边拿着钓鱼竿说着、比划着，一边将身体转向钓鱼池那边，看到其他人正在高兴地进行游戏，于是他继

续玩游戏，根本没有道歉的举动或者认识到自己行为有不对的地方。

针对他的行为，老师立刻把他请到了身边，告诉他推人或者打人是不对的，玩具要大家一起玩。

小京听完了，很高兴地答应着，一溜烟又跑向了钓鱼池。

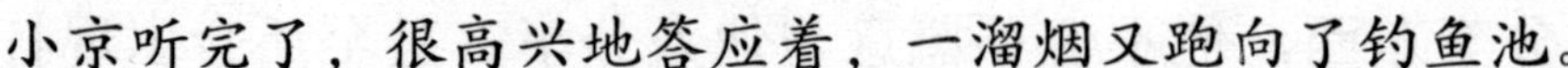

☆ 实录二 ☆

在一次手工制作活动课上，小京在完成制作手工玩具后，手里拿着手工玩具玩得特别开心。玩着玩着，小京的玩具和萱萱的玩具撞到了一起。小京看到自己的手工玩具破损了，便上前推倒了萱萱。

【教师介入】

老师看到两人争执起来，立刻冲了过去，可是为时已晚，萱萱被推倒在地，大声哭起来。老师赶紧把萱萱扶起来，转过头刚要对小京进行批评教育。小京看见老师回头看着他，居然用手蒙住了自己的眼睛，一副不敢见的样子。

“小京，这次你知道自己做错了吗？”

小京噘着嘴，指着手里的破损玩具开始替自己辩解。老师并没有打断小京的话，直到小京说完。老师听到他说：“我让他修玩具，他不干。”

4. 案例分析

（1）为了进一步了解小京的情况，老师主动与家长进行沟通交流，并说明了小京在幼儿园的具体行为表现。从与家长的交谈中了解到，小京平时主要由爷爷奶奶负责照顾，小京的父母平时工作很忙，经常加班，回家很晚，生活中很少真正地关心了解小京。由爷爷奶奶一手带大的小京平时娇生惯养，很多不正确的行为也没有得到及时的纠正和引导，久而久之，小京便形成了霸道、自私的性格。只要稍有不顺心的事情，或者是大人没有及时满足他的要求，他就会采取生气打人的方式。家庭教育是形成孩子性格缺陷的主要原因，不难看出，正是由于小京缺乏良好的家庭教育环境，导致了他极为霸道的性格。

（2）老师应该客观地看待小京的性格和行为，并对他身上出现的问题，作出正确的分析和评价。处在幼儿园阶段的小京，说话的清晰度和语言表述的能力还较弱，同伴无法及时了解他所要表达的意思，而他还没有等同伴作出回应，便急躁地发脾气，甚至出手打人。在案例中，我们可以发现小京并不是一个本性顽劣的孩子，当他看到老师生气地质问他时，用手蒙住了眼睛，这说明他已经知道自己打人的行为是不对的，同时也说明小京正在慢慢地建立是非观念，能够分清对错，在生活中获得了一定的感性认识。

5. 教育措施

（1）让幼儿懂得分享的意义，认识分享的必要，改变唯我独尊的性格。根据幼儿期思维具体形象的特点，老师可以通过利用一些故事或者情景表演，比如开展“大家一起玩”的语言活动，让幼儿意识到，幼儿园中的物品是大家共同拥有的，而不是某个人独有的，每个成员都有支配使用的权利。针对小京的个性案例，老师可以多关注他在活动中的表现，比如，用提问的方式引导小京：“你觉得大家一起玩开心吗？”“你以后想不想和好朋友一起玩玩具呢？”引导他体验到分享的快乐，并懂得想玩他人手中的玩具时要经过他人同意。

（2）利用日常活中的教育契机，加强对幼儿进行引导和巩固。因为幼儿年龄小，很多不正确的行为容易反复出现，只要针对幼儿积极地巩固和强化，幼儿的行为习惯就会逐步提高改善。老师可以创设一些情境，通过提问和回答问题，让幼儿明确应该怎样做，不应该怎样做。帮助小京学会一些和小朋友友好相处交往的语言，比如：“我可以和你一起玩吗？”“你的玩具可以借给我吗？”“这个玩具让我玩会儿可以吗？”引导小京形成与他人分享的意识，同时也在交往中渐渐地学习和别人“商量”，而不是霸道地抢夺。

（3）在平时活动中，注重表扬的时效性，讲究表扬的价值所在。针对小京的这一性格，老师可以单独向他提出要求，如果在游戏时，他能够做到跟大家友好地玩，不争抢玩具，可以在评比表上贴上小红花或小星星作为奖励，对他好的行为有针对性地加以表扬。当小京在活动中表现出谦让的行为，并主动和大家一起分享，老师可以让小京把小红花或小星星自己贴在自己的评比表上，激发小京为了能得到更多的小星星而努力改变“霸道”性格，约束自己的不良行为。

案例2：“欺软怕硬”的丁丁

1. 案例背景

有的幼儿在幼儿园里表现出明显的“吃软怕硬”，对待比较严肃的老师，就会百依百顺，特别听话乖巧；而对那些温柔、和蔼，总是笑眯眯的老师则经常调皮捣蛋。这些幼儿在与其他小朋友交往的时候也是如此，面对厉害、强势的孩子就有所忌惮，不敢招惹，而和“好欺负”的小朋友在一起时则“原形毕露”。

丁丁今年三岁半，是一个小班的男孩，平时在幼儿园里很乖，从来不调皮，有的老师说丁丁是个好孩子，可是，有的老师却说他是个调皮捣蛋难管的孩子。

☆ 实录一 ☆

王老师是丁丁班级的保育员，负责幼儿的午睡管理。每天到了午睡时间，其他幼儿都能做到安静地准备入睡，唯独丁丁吵着闹着不肯睡觉，很多时候还打扰其他人睡觉。王老师“对付”丁丁很头疼,左哄他也不睡,右哄他也不睡。有的时候整个午睡时间，王老师和丁丁都在进行令人头疼的“战役”。

【教师介入】

王老师不得不向班主任老师寻求帮助。果然换成班主任老师后，不一会儿丁丁就和其他小朋友一样，安静地午睡了。

☆ 实录二 ☆

在丁丁所在的班级里，有个小朋友平时很霸道，喜欢打人。在一次玩具分类游戏中，丁丁手里的玩具被他抢走了，丁丁不敢吭声，也不敢向老师告状。而是转身伸手去抢另一个身材娇小、平时很老实的女孩的玩具。

【教师介入】

老师发现丁丁去抢夺别人的玩具后，问清了情况，并把事件中的三个小朋友都叫到了一起，协调他们物归原主，相互道歉。

4. 案例分析

幼儿欺软怕硬的行为非一朝一夕形成，而是与他成长环境和教育密切相关。

通过与家长交流后，老师得知丁丁在家里也是这样，根据“察言观色”判断出谁厉害、谁不厉害，谁的话得听、谁的话可以不听，能摸透大人的心理，抓住家长的弱点，掌握一套“对付”家长的办法，面对比较严厉的爸爸就有所忌惮，而对好欺负的妈妈就很霸道和任性。幼儿具有敏锐的观察能力，如果父母在家教中采用“一个红脸，一个白脸”的教育方式，一严一松，很容易使幼儿在家里只怕一个人，只听一个人的话。长此以往，幼儿会变成“欺软怕硬”的“两面人”，使用不同的态度和方法对待不同脸谱的人。

5. 教育措施

（1）与家长教育态度保持一致。当老师发现幼儿有这种欺软怕硬的情形时，要及时加以引导，并与家长教育态度保持一致。幼儿很多观念的形成直接受家庭教育的影响，父母的教育方式和教育态度应该保持一致，避免因“红白脸”的教育方式而引发幼儿的欺软怕硬行为。

（2）鼓励幼儿构建内心的自信。对于因屡遭强势袭击而失去自信的幼儿来说，让幼儿能够树立自信，勇敢地“站出来”是很在重要的。老师可以亲自出面帮助幼儿一起应对“强者”，更重要的是引导和鼓励幼儿，不要别人说什么就是什么，当被别人欺负时，可以告诉老师，或者大声喊叫，引起大人的注意。 让幼儿认识到能想出躲避或求助的办法，也并不总意味着怯弱，有时反而是机智的表现，能保护自己不受伤害。

（3）引导幼儿学会“换位角色”。 帮助幼儿树立正确的是非观最为重要，老师可以引导幼儿站到对方的立场，体验对方的情感，使幼儿理解弱小、怜爱弱小、关心弱小。帮助幼儿认识到:“别的孩子欺负你或抢你的玩具是不对的，你欺负或抢别的孩子的玩具也是不对的。”让幼儿认识这一点，也可有效地避免出现欺侮弱小的行为。

案例3：任性的鹏鹏

1. 案例背景

现在大多数幼儿都是独生子女，而且由老人照顾的居多，在平时生活中祖辈对幼儿百般溺爱、纵容，因此幼儿多少都有点任性。但幼儿任性心理不是天生的，而是家长不加约束，放纵教育的结果。

2. 案例对象

鹏鹏今年4岁，性格很任性，在幼儿园总是喜欢招惹其他小朋友。老师跟他讲道理他也不听，还大哭大闹地耍赖，老师哄他，如果能和其他小朋友友好相处，就奖励他礼物和小红花，他也满不在乎，照旧经常“惹事”。

3. 案例

☆ 实录一 ☆

一天，在区域角自由活动时，鹏鹏突然对电动玩具产生了怨气，生气地把电动玩具往地上一摔，然后狠狠地踢了好几下，还用脚去踩。老师发现后，赶紧过来制止。

【教师介入】

老师把鹏鹏单独叫到一边，询问鹏鹏：“鹏鹏，不能那样，会把电动玩具弄坏的。”

“就要弄坏，哼！”

“你为什么对玩具发脾气啊？”

“它不听我的话。”

“你把电动玩具踩坏，以后就不能玩了。”

“不玩就不玩，哼！”鹏鹏转身又踢了电动玩具一脚，气呼呼地回到座位上。

☆ 实录二 ☆

在午饭时，鹏鹏看到今天的菜没有自己喜欢吃的，就生气地把勺子扔在地上，拒绝吃饭，大声地嚷着：“我不要吃饭，我要吃烤肉！”

老师走过来问：“鹏鹏今天为什么不吃饭啊？”

鹏鹏一看到老师，便执拗地哭嚷道：“不吃，不吃，就是不吃！”

“鹏鹏乖，鹏鹏可是个好孩子。”

“鹏鹏不做好孩子，不吃饭！不吃饭！”

【教师介入】

老师把哭闹的鹏鹏抱到一边，用他平时喜欢的玩具转移他的情绪，让他慢慢地平静下来。等鹏鹏心情好些了，老师故意对鹏鹏说：“我们一会儿要去操场上做游戏，鹏鹏想去吗？”

“想！”

“只有吃饭表现好的宝宝可以去啊。可是鹏鹏今天不吃饭。怎么办呢？”

老师巧妙地扰乱了鹏鹏的思路，给鹏鹏一次选择的机会，也可以说是给鹏鹏一个台阶。

鹏鹏的注意力就被吸引到“吃饭，就可以做游戏”的问题上，自然就会选择好好吃饭了。

4. 案例分析

（1）幼儿任性，从心理学的角度来看，是个性偏执、意志薄弱和缺乏自我约束能力的表现。一般说来，由于幼儿心理发展还不成熟，对许多事情缺乏认识和判断能力，做事情仅凭着自己的情绪与兴趣来参与，而不管做法是否对错。

（2）幼儿的任性并不是一出生就有的，而是在一定的外因作用下才会发生和逐步形成的。在大多数情况下，是因为不正确的家庭教育方式造成的。通过侧面了解得知，鹏鹏的爷爷奶奶、姥爷姥姥，还有父母对他都过分溺爱，过分娇纵，使鹏鹏养成了“我想要什么、做什么，你们就要答应我什么”的意识，一旦稍有不符合某种心理愿望、行动达不到目的时，就会发脾气，而大人也没有及时采用正确方法纠正鹏鹏的行为。如果幼儿的任性心理得不到纠正的话，会妨碍幼儿的心理健康和心理的正常发展，对幼儿健康成长是极为不利的。

5. 教育措施

（1）老师应与家长一起帮助幼儿养成良好的行为习惯，这样可以从根本上解决孩子的任性。幼儿年龄小，可塑性极强，让幼儿从小养成良好的行为习惯，处处按要求做，幼儿就能自觉地和大人保持一致。一旦孩子养成了良好的生活习惯，干什么就都有规矩，不会随意提出特殊要求。

（2）当发现幼儿任性的时候，老师可以转移幼儿的注意力，利用幼儿易于被其他新鲜事物所吸引的心理特点，把幼儿的注意力从他坚持要做的事情上转移开，从而改变幼儿的任性行为。

（3）老师应对幼儿的任性表示理解，不能强加管制或者约束。要让幼儿明白，大人喜欢的是不任性的孩子，当幼儿任性发作时，老师可以利用幼儿表现好的行为实例引导他克制自己，不任性。这样有利于调动幼儿自己克服任性的积极性，提高幼儿控制自己情绪的能力。

案例4：缺乏自信心的小涛

1. 案例背景

《幼儿工作规程》明确把培养幼儿自信心作为重要目标，自信心是幼儿良好的心理素质和健康个性的重要组成部分。通过对许多幼儿的观察与了解，不难发现绝大多数孩子或多或少都存在着自信心不足的问题，遇着什么困难、挫折就打退堂鼓，不敢去面对，更不敢去战胜它。

2. 案例对象

小涛今年四岁，是老师心目中的乖孩子，他的性格比较内向，依赖性强，做事缺乏积极性和自信心。

3. 案例

☆ 实录一 ☆

一天，老师在组织幼儿走比较高的平衡台的时候，每个小朋友都能够大胆地走上去，但小涛总是不敢往上面走，怕摔下来。最后只剩下小涛一个人站在原地不敢走平衡台。

【教师介入】

为了帮助小涛完成任务，战胜困难，老师走上前鼓励小涛说：“小涛是最棒的，一定能够做到！”

“我不敢！”

“小涛是最勇敢的孩子，我在旁边保护你。”

“我不敢！”

“我们手拉手一起走平衡台好吗？你在上面，老师在下面，怎么样？”

在老师的鼓励下，小涛顺利地完成了走平衡台。

☆ 实录二 ☆

在体育活动时，老师提供了很多活动材料，小涛总是选择那些比较容易的活动，而逃避或者不敢接受那些可能有一定难度的或有挑战性的新活动。

4. 案例分析

（1）缺乏独立性。现在的幼儿绝大多数是独生子女，不少家长溺爱、娇惯孩子，事事包办代替。有的家长怕孩子做事太慢，或反而给自己惹麻烦，大包大揽；有的过分偏重智育，忽视孩子能力的培养。老师通过家园交流后发现，小涛在家里主要是由爷爷奶奶照顾，因为老人的过分溺爱，所以造成了小涛依赖性较强，甚至不能做到独立吃饭、穿衣服、整理物品等。这种过度的照顾、过分的保护，实际上剥夺了小涛锻炼的机会，使小涛不仅缺乏必要的生活自理能力，而且缺乏独立性、依赖他人，一遇到困难就不知所措、畏缩退避。

（2）缺乏自信心。小涛因为受到了长辈的宠爱，当遇到困难时，就会不自觉地向大人寻求帮助，而大人们都会竭力帮助小涛解决困难，从而剥夺了小涛自主战胜困难的机会，勇于挑战的信心，造成了小涛不管遇到什么困难都依赖别人，缺乏表现自信。

5. 教育措施

（1）在家庭教育方式上，改变以往大人包办、代办的态度，在日常生活中，家长要有意识地让幼儿做一些容易完成的事，鼓励幼儿独立完成事情。即便是完成的结果不理想，家长也要给予表扬和鼓励，帮助他们分析原因，让他们再试一试，使他们知道通过努力能获得成功，感受到自己的价值，从而产生积极愉快的情绪体验。当幼儿获得成功后再增加难度。幼儿取得成绩时，应及时表扬，充分肯定进步。

（2）在幼儿园教育方法上，老师要客观地认识每个幼儿之间存在的个体差异，对待同一件事情上，要给予幼儿存在个体差异的理解。比如在完成平衡台时，老师可以根据不同幼儿的具体情况，让幼儿自由作出高度选择，适当地调整高度，在获得成功的基础上产生向新的高度冲击的信心。当发现幼儿缺乏自信时，老师应该从幼儿的性格特点出发，运用鼓励的方法，比如多运用“你很勇敢”“你做得很漂亮”“你可以做到”等鼓励性语言，帮助幼儿能够勇敢地面对困难，引导幼儿认识到自己的能力，并树立自信从而战胜困难。

案例5：喜欢做“休息”的人

1. 案例背景

幼儿园以游戏为基本活动，通过和利用游戏活动可以促进幼儿身心全面健康的发展。然而，在幼儿园的游戏中，老师会发现并不是所有的幼儿都能喜欢老师组织的游戏，极个别的幼儿不愿意参与游戏，游离于集体游戏活动之外，总是喜欢做“休息”的人。这样的幼儿往往很容易被老师和其他幼儿所忽视，因此不利于幼儿良好个性和社会性的发展。

2. 案例对象

研研，是某幼儿园大二班的幼儿，爸爸在外地工作，妈妈在本地上班，工作较忙，长期与姥姥、姥爷生活在一起，由他们负责接送，妈妈偶尔也会接送。在幼儿园游戏活动中，研研从不会主动去玩游戏，在游戏中也总是处于“休息”的状态，常常被老师和小朋友忽视。

3. 案例

☆ 实录一 ☆

在一次角色游戏中，老师组织幼儿一起玩“老狼老狼几点”的游戏。

教师点名分配角色时，研研坐在座位上假装没听见，老师又点了一次名，研研说：“我不想玩，不想参加。”

当游戏开始后，大家都玩得很高兴，而研研又是做“休息”的人，她在教室里随意来回奔跑，没有参加集体游戏活动。

【教师介入】

老师看到研研的行为后，马上制止她奔跑，问研研："你在干什么呢？为什么不和大家一起玩游戏？"

研研回答："我不想玩这个，没意思。"说完她转身想离开。

老师拉住她训斥道："你要是不和大家一起玩，我就把你送到其他班去。"研研极不情愿地回到了集体中，但是情绪很低落。

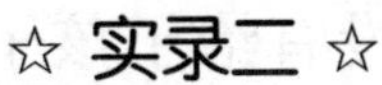

在一次角色游戏"玩具店"活动中，老师让所有幼儿排好队依次玩，可是研研看了一会，主动离开队伍，在队伍旁边的台阶上坐下独自玩。

【教师介入】

老师发现后，主动叫上另一个和研研关系比较好的小朋友邀请研研一起去玩游戏。可是研研依旧很不安，不愿意回到游戏活动中。

老师耐心地告诉研研："研研今天学会了如何买东西，以后就可以在玩具店里买自己喜欢的东西了。"

研研听后有点心动，老师索性让她们俩结伴去玩具店买东西，让同伴的快乐情绪带动研研，让她知道怎么买东西，并体验游戏带来的快乐。

4. 案例分析

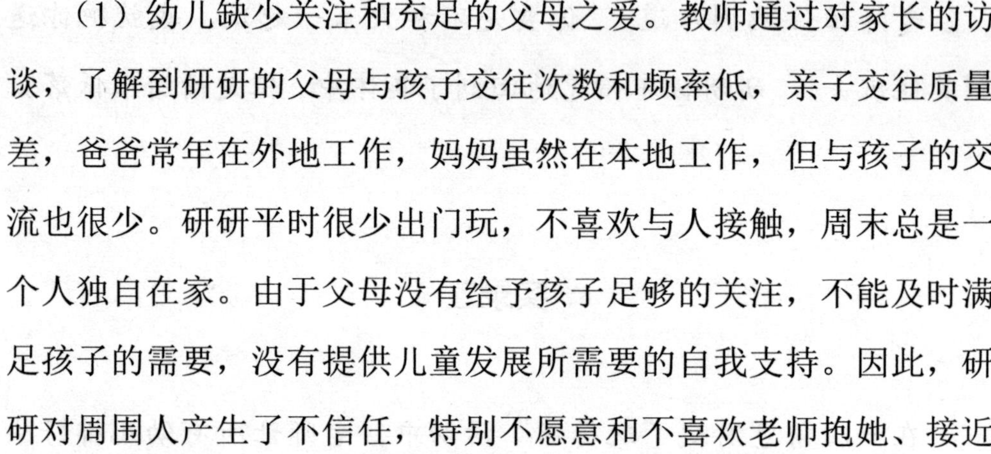

（1）幼儿缺少关注和充足的父母之爱。教师通过对家长的访谈，了解到研研的父母与孩子交往次数和频率低，亲子交往质量差，爸爸常年在外地工作，妈妈虽然在本地工作，但与孩子的交流也很少。研研平时很少出门玩，不喜欢与人接触，周末总是一个人独自在家。由于父母没有给予孩子足够的关注，不能及时满足孩子的需要，没有提供儿童发展所需要的自我支持。因此，研研对周围人产生了不信任，特别不愿意和不喜欢老师抱她、接近她，当老师抱住她时，她也总是很抗拒地使劲推开。

（2）案例中的研研不喜欢和别人交流，所以需要老师根据幼儿的特点，选择适合幼儿的方法来调动幼儿学习和游戏的积极性，而不能像案例实录一里面那样过于注意游戏的结果而忽视游戏的过程，忽视了幼儿的兴趣和意愿，幼儿没有成为游戏的“主人”，让幼儿被动地接受“安排”，这样反而会增加幼儿的心理压力，激发幼儿的抵触情绪。

（3）教师通过对家长的访谈中发现，家长和教师都有意帮助孩子解决存在的问题，但缺少沟通的渠道和方法。家长工作忙，不能很好地配合家园联系，而老师也无法联系上幼儿的父母，与孩子姥姥、姥爷沟通较困难，只能单方努力。总之，家园双方都

没有为有效沟通做出实际的努力。

5. 教育措施

（1）父母改善幼儿的亲子关系。有研究表明，当幼儿觉得安全时，游戏才会发生；当他们觉得忧虑时，就无法玩耍。在儿童的幼年时期，这种安全感来自对照料者的亲近感。由于研研长期缺乏父母爱的关注，再加上姥姥、姥爷的过度保护，使她表现出对周围事物的一种不信任感，安全感缺失。因此家长应给孩子足够的爱与关注，增加亲子交往的次数和频率，采用多种方式与孩子进行交流，比如亲子游戏、亲子阅读、亲子旅游等，建立互动的亲子交往关系。

（2）老师有针对性地对幼儿进行引导和帮助。案例中的研研喜欢独自游戏、自由结伴游戏，并不意味着她不需要或不喜欢和教师共同游戏。在实录二中，教师为了改变研研不参与游戏、缺乏游戏同伴这一状况，选择研研的好朋友主动邀请研研玩游戏，尊重研研的意愿，并适时肯定和鼓励她，帮助她获得交往技能，体验集体游戏活动的乐趣。

（3）家园互助，紧密合作。针对研研的问题，教师和家长及祖辈家长通过多种方式经常沟通，不能任其自然发展。比如在接送孩子时，老师可以向研研的姥姥、姥爷反映她在园的情况，同

时也要及时了解研研在家中的表现，根据她的变化，制定教育计划。对于研研工作繁忙的父母，可以通过QQ、电子信箱、微信等方式，与其父母取得交流沟通，全面了解孩子，采用有效的方式和途径帮助孩子。

案例6：以自我为中心的小旭

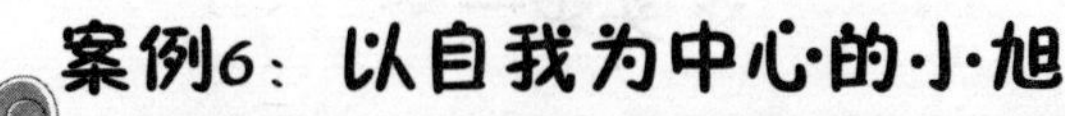

1. 案例背景

大多数的家庭中都是一个孩子，在孩子上幼儿园之前，家中的一切事物都是以孩子的意志为转移的，孩子想要什么都能够得到满足，即使孩子有时候的要求非常不合理，但家长也往往在物质上最大限度地满足孩子。久而久之，孩子就养成了以自我为中心的性格，一旦达不到他们的要求，他们就会以无理取闹的形式进行示威，不达目的誓不罢休。

2. 案例对象

小旭是幼儿园小班里出了名的宝宝，他的出名是因为“以自我为中心”而出名。凡是他喜欢的玩具，必须他先玩，如果哪个小朋友不让着他，他就会动手去抢。如果老师批评他，他就生气地躺在地上大哭大闹，有时连老师也拿他没有办法。

3. 案例

☆ 实录一 ☆

在玩具区域角，老师和幼儿一起玩玩具，这时，老师的耳边传来不断的告状声：“老师，小旭抢我的玩具，我不要和他玩。”

“老师，小旭把我的玩具弄坏了。”

“老师，小旭不让我玩玩具。”

“老师，小旭打我。”

【教师介入】

老师把小旭叫到面前，先向第一个告状的小朋友了解事情的情况：“你们怎么了？”

“小旭抢我的玩具。”

小旭不甘示弱地说：“她先抢我的。”

随后，老师问他们："这些玩具是谁的呀？"

"是幼儿园的。"

"小旭，这些玩具是大家的，我们应该一起玩。抢玩具的小朋友不是礼貌的孩子哦。你们看，大家玩得多高兴啊！你应该怎么办呀？"小旭低着头不情愿地说了句："那一起玩吧。"最后老师让大家回到座位上继续玩玩具。

4. 案例分析

（1）以自己为中心的幼儿对外界事物的认识都是从自我出发，因而，他们经常会出现"争抢玩具"这样的情况。像小旭这样年龄段的孩子正处于自我为中心的发展阶段，认为什么事情都应该以自己为主，自己想要什么，都是应该得到满足的。这样孩子的心理就形成了这样的概念："在这个世界上，我是最重要的，什么事情都应该听我的。"当孩子在幼儿园里出现与其他小朋友共同分享玩具的时候，就不可避免地出现与其他小朋友产生"争抢"和"矛盾"。因此，家长和老师应该及时有效地抑制住孩子以自我为中心的不良心理。

（2）针对小旭在园表现，老师与家长进行了及时的沟通，从家长那里了解到，小旭在家里也是这样"以自我为中心"，如有不顺心就发脾气，凡是他喜欢的玩具，就必须得买，父母不给买，爷爷奶奶就给买，爷爷奶奶不给买，姥爷姥姥就给买，在无形中加剧了小旭的以自我为中心的程度。当小旭来到班级的集体生活

中后，就不可避免地与别的孩子产生较多的分歧和矛盾，因此，老师应该帮助小旭改变习惯模式，让他更快地融入班集体的和谐环境中。

5. 教育措施

（1）淡化幼儿以自我为中心的习惯。通过家园共育，与家长进行沟通，家长要有意识地在平时生活中培养孩子分享的意识，而不要一味地依着孩子的要求。比如当有幼儿特别喜欢吃的食物时，可以分成几份，而孩子只能得到其中的一份，其他的要分给长辈和父母。如果出现孩子哭闹或者拒绝分享时，作为家长要给孩子讲讲道理，适当地对他进行冷落，让他知道他的无理取闹有时候也会失效的。这样，随着时间的推移，孩子以自我为中心的习惯会慢慢淡化。

（2）引导幼儿体验分享快乐。对处于以自我中心为特征的幼儿来说，分享对于他们不是一件简单的事情。而事实上，幼儿学会分享，是在逐渐淡化“以自我为中心”的过程中形成的。当幼儿能够主动并自愿地与他人分享，体验分享快乐，那么幼儿才真正学会了分享，告别了“以自我为中心”。老师在平时的活动中，应该培养幼儿学会发自内心的自愿分享，尽可能提供幼儿一切锻炼的机会。比如：组织一次玩具总动员的活动，幼儿各自带来了自己的一些玩具，让幼儿学会和其他孩子交换玩，让幼儿在这个过程中慢慢学会谦让和分享。让孩子从他人角度出发体验他人情

绪、情感，学会理解，学会分享。

（3）利用各种机会熏陶与教育幼儿。3-4岁的幼儿对儿歌很感兴趣，我们要适当地运用这样的机会，对幼儿进行熏陶与教育。比如通过讲故事、读儿歌等形式让幼儿知道如果自己不会分享，总是按照自己的意愿办事情，老师和家长还有小朋友是不会喜欢的，久而久之，孩子以自我为中心的意识就会淡化，逐渐养成分享的良好习惯。

案例7：胆小的孩子

1. 案例背景

在一个班级里，每个幼儿的性格都是不同的，有的乐观向上，有的内向自卑。前者做事情积极主动，后者则做事情胆小、懦弱，常常被人遗忘在一个角落里。

2. 案例对象

元元是一个胆小的孩子，性格内向、孤僻、懦弱，往往缺乏自信心。在平时活动中，她愿意一个人静静地坐在角落里，默默地看着别人游戏、玩耍。

3. 案例

☆ 实录一 ☆

有一次，元元上幼儿园迟到了，其他小朋友们正在操场上做早操。

卓卓责怪她说："元元，你今天又迟到了，我们马上要上课了。"

元元马上伤心地抽泣起来，她连一句责怪的话都承受不了。

【教师介入】

老师看到哭泣的元元，走到她的面前，安慰她说：

"元元是一个好孩子，老师相信你明天一定不会迟到的。"

元元听到了老师的鼓励不哭了。可是在一天的活动中，元元的情绪都很低落，做什么事情都没有积极性。老师发现元元的低落情绪后，引导她转移情绪，给予更多的关注，当她表现突出时，

及时鼓励表扬。慢慢地，元元感受到了成功的喜悦，忘记了早上发生的不愉快。

☆ 实录二 ☆

一次，当老师提出“十月一日是什么节日”的时候，班级里大多数幼儿都举手抢着回答，老师发现元元刚要举起手，又偷偷地缩了回去。

【教师介入】

老师知道元元胆小，不敢举手抢答，便立刻请她回答。

元元站起来，小声地回答：“国庆节。”

周围的小朋友嘟囔起来：“什么？你声音太小了。”元元涨红了脸，不知所措。

老师见状，马上肯定元元的答案说：“元元回答得非常好，可是有的小朋友没有听清楚，你能再大声地说一遍吗？”

元元终于鼓起勇气响亮地重复了一遍，老师和其他小朋友们一起为元元鼓掌。

4. 案例分析

（1）家庭环境原因：当幼儿处在幼儿时期，如果生活中缺少父母的陪伴，父母极少跟孩子进行交流的话，对幼儿的性格形成和成长发展都有很大影响。从案例情况来看，元元因为在婴幼时期没有和父母一起生活，与父母没有建立亲密的亲子关系，从小都是由奶奶带大，但是奶奶的身体不好，元元外出的机会也不多，很少与其他人进行交往，因此慢慢地造成了元元胆小、好独处、拘谨，不愿接触人，对父母也缺乏安全与信任感。

（2）自身原因：很多性格胆小、内向的孩子，在平时交往中不敢主动与人交流，害怕被嘲笑，被排斥；还有一些孩子本身比较敏感，心里害怕自己不能把语言意思表达清楚而被嘲笑。对于胆小的孩子来说，能勇敢地走出心理阴影是需要一个适应的过程。案例中的元元能够在老师的鼓励下在全体小朋友面前大胆讲话，是她成长过程中的一个飞跃。

5. 教育措施

（1）父母对孩子的关爱是极为重要的，元元之所以出现上述的情况，重要的原因来自家庭环境。为了改变元元的胆小性格，父母平时应该多陪伴孩子，多带孩子接触世界。孩子最开心的就是玩游戏，家长可以多和元元做一些亲子游戏，创造机会增进亲

子关系。

（2）在幼儿园，老师应多留心关注幼儿，帮助他们克服心理阴影。游戏活动是孩子们最喜欢的一种主要活动内容，老师可以借此机会调动他们的“说话”欲望。在幼儿最初参与活动的时候，是他们最需要帮助的时刻。因此老师应多和他们进行交流，说话时注意口语、速度要慢、要有亲和力，引导幼儿参与活动。只有让孩子变得勇敢、自信，才能提高他们的交往能力，在活动中放松自如地表达自己的情感，使孩子感觉到自然、快乐、随意。

（3）对待胆小、内向的幼儿，应细心发现，耐心教育。性格具有一定的稳定性，但处于成长期的幼儿性格更具有可塑性。很多胆小内向的孩子非常在意别人对自己的看法，尤其是父母和老师对自己的看法，因此需要给予他们更多的关注与鼓励。当幼儿不能明确表达自己的想法时，父母和老师应该耐心去引导孩子，用鼓励的话去帮助他们树立自信，幼儿成功的经验越多，自信心也就越强。

1.案例背景

伴随着我国离婚率的提高，单亲家庭日益增多，使很多幼儿从小就缺少父母双方的爱，孩子在单亲的抚养下，使得很多幼儿缺少一般孩子的开朗、自信，他们的个性也往往会出现固执、内向、孤僻冷漠、少言寡语的特点。

2. 案例对象

小鱼是刚入园不久的孩子，第一周刚到幼儿园没有出现丝毫的陌生感与抗拒感。可是当第二周第一天上幼儿园时，小鱼的爸爸突然提出孩子要转成半托班。

经过与小鱼的爸爸的沟通了解到，第一周从幼儿园回家后，小鱼变得比以往更忧郁，在家不吃不喝，总是担心自己又被爸爸送幼儿园。

最后，小鱼和爸爸达成了上幼儿园的条件就是由全天转成半天，但是必须由爸爸来接送小鱼。

3. 案例

☆ 实录一 ☆

早上在幼儿园门口，小鱼和爸爸告别时发出撕裂般的哭声，“我要回家！我要回家！”她使劲地抱住爸爸不肯进幼儿园。爸爸抱起小鱼，狠心地将她推给老师，可是小鱼紧紧地搂住爸爸的脖子就是不撒手。

【教师介入】

老师从小鱼的爸爸手里抱过来小鱼，哄着她撒开爸爸的脖子：

“小鱼乖，爸爸上班要迟到了！”

“小鱼最懂事了，爸爸中午就会来接你了。”

“小鱼不哭，爸爸最爱你了！”

小鱼看着离开的爸爸，由痛哭压抑成小声的抽泣。

☆ 实录二 ☆

一天午餐时间到了，老师组织孩子们如厕、洗手，可是小鱼却趴在桌子上哭了起来。

【教师介入】

老师走过去，把小鱼抱起来，给她擦了擦眼泪，轻声地问：“小鱼，你怎么哭了呢？发生什么事情了吗？”

小鱼哭得更伤心了。

“你有什么事情需要老师来帮你解决吗？”

小鱼依旧呜咽哭泣，不肯说话。“有什么事情和我说说，看看老师能不能帮助你 。”

“爸爸说今天中午要来接我，可是为什么现在还没来呢？”

“爸爸也许还在来接你的路上呢？”已经不哭的小鱼又哭了起来。

“那老师帮你打电话问问好不好，看看爸爸今天为什么没来呢？”

这回小鱼停止了哭泣。电话打通了，老师叮嘱小鱼的爸爸，答应孩子的事情一定要尽力做到。

4. 案例分析

（1）针对小鱼的情绪、举止、交往方式等方面，尤其突出表现在对爸爸过分依赖的情况，老师及时与小鱼的爸爸进行了交流。

原来，小鱼自父母离婚后从小由爸爸一个人带着，从没有和他分开过，父女俩感情深厚。小鱼偶尔去妈妈那里住几天，也常常因为离开爸爸而生病。从家庭教育的角度分析，家庭是子女最早的教育场所，如果父母缺少一方，就会表现出家庭教育功能的欠缺。

就像案例中的小鱼爸爸，因为夫妻双方离异便对小鱼产生了一种愧疚心理，平时对小鱼过分宠爱娇惯，再加上既当爹又当妈，不能正常地给予管教，既要承担起沉重的家务，又有繁忙的职业责任，常常是力不从心，自然对小鱼的关心和教育不够，造成了小鱼不喜欢上幼儿园，而对爸爸过分依赖。

（2）在单亲家庭中，因为爸爸或者妈妈一方离开了家庭，幼儿感觉到失去了爸爸或者妈妈，难免感觉孤独和恐惧。当他开始面对幼儿园这个新环境时，害怕自己再一次离开和失去最亲近的人，导致不愿意在幼儿园中与小伙伴建立新的感情。孤独和恐惧感阻碍了幼儿在幼儿园内的发展，难以真正像正常孩子一样开心

地在幼儿园生活。

案例中的小鱼，表现出很难融入班集体中，甚至对幼儿园产生了抵触的情绪。

5. 教育措施

（1）单亲家庭对孩子造成负面影响是不可避免的，但是如果家长在孩子面前不断流露出自己的内疚，忽视了对孩子的心理健康教育，很容易把孩子变成一个被宠坏的人。一旦孩子的某种要求得不到满足的话，就很容易怨恨父（母）亲，对立、抵触的情绪自然也就产生。

案例中，为了让小鱼成为一个独立和负责的人，教给孩子一种自力更生的能力，小鱼的爸爸只有丢掉对孩子的内疚感，尽力调整和女儿的相处之道，一点点改变孩子的心理依赖程度。

（2）非监护方父（母）亲与孩子之间要保持定时的沟通，不能撒手不管，忽视孩子的情感和物质需要，监护方父（母）亲也要及时调节好情绪，努力营造和谐的家庭环境。

比如案例中小鱼的父母，要及时掌握小鱼的情绪和行为动态，倾听小鱼的心声，及时给予引导，创造条件让小鱼有更多的机会与同伴交往，以提高其社会适应能力。

（3）单亲家庭的幼儿在幼儿园的学习过程中相对于正常幼儿而言个性表现存在着一定的差异。他们会感觉到孤独和恐惧，同

时极度缺乏安全感。

因此老师要善于把握每一个单亲家庭幼儿与双亲家庭的幼儿在学习过程中的不同表现，以幼儿为本，选择适合单亲幼儿的教学策略，让每一个单亲家庭的幼儿能够在幼儿园中健康成长。

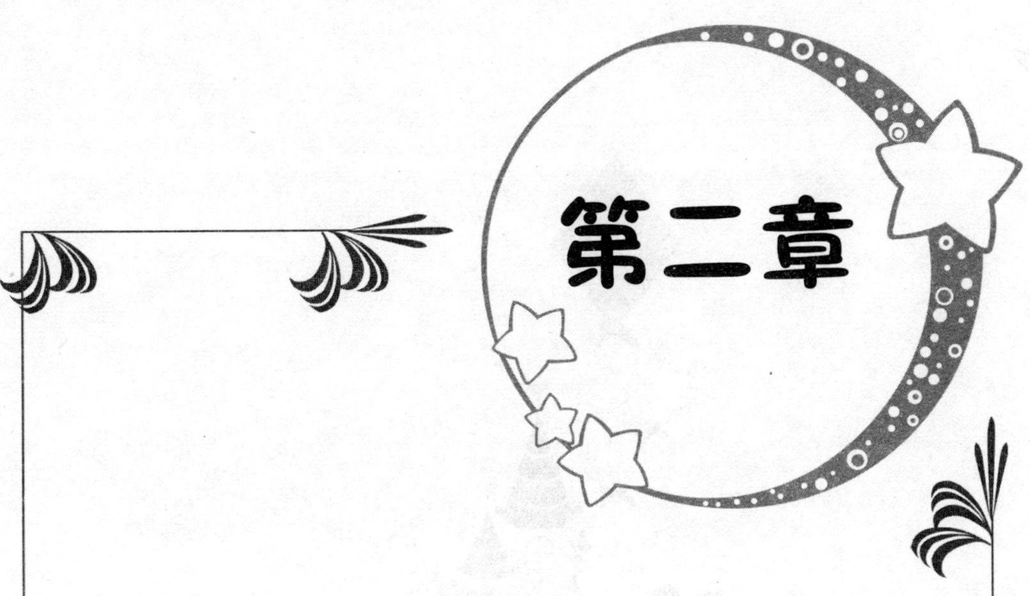

第二章

习惯方面案例解读

案例1：不会穿衣服的孩子

1. 案例背景

《幼儿园教育指导纲要（试行）》在健康领域中提出了从小培养幼儿良好的生活、卫生习惯，有基本的生活自理能力。可是在现实生活中，作为独生子女的孩子们，是全家的重点保护对象，平时日常生活中的一些力能所及的事（如穿衣、洗脸等）都被家长们“好心”地包办了，导致幼儿养成了自理能力差、不爱劳动、懒惰等不良习惯。

2. 案例对象

小民是中二班的新插班生，刚来到新班级就能和同伴友好相处，积极参加教师组织的教育活动，老师和小朋友们都很喜欢他。唯独午睡时穿脱衣服这件事，他一点儿也不会。

3. 案例

☆ 实录一 ☆

午睡时间到了，老师组织孩子们找到自己的小床，准备午睡。其他小朋友都手脚麻利地脱好衣服裤子午睡了，唯独小民坐在床上“发呆”。其他小朋友都慢慢地睡着了，小民还是一动不动地坐在床上。

【教师介入】

老师鼓励小民自己动手脱衣服，可他就是不动。老师以为小民不想午睡，便没有强迫他脱衣服睡觉。可是过了一会儿，老师观察他坐着都要睡着了，便帮助他脱下衣服睡觉。

☆ 实录二 ☆

午睡起床时，只见小民蹲在了地上，不知在干什么。其他小朋友陆续地上厕所了，可他还在床边磨蹭着。不一会儿，小民大声地哭起来。

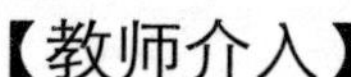

【教师介入】

老师听到哭声，走过去一看，小民哭得十分伤心。“怎么了小民？”

“我的裤子不见了？”

老师仔细一看：原来他的裤子掉在了地上。

“小民，裤子在这儿呢！”老师刚说完，小民又大声哭起来。

“小民一哭，两条腿就不听话了，你看它们都不愿意伸进裤子里了。”

小民停止了哭泣，看着自己的腿。

“小民真是个棒小孩，小腿自己就能穿进去了，真能干。来，让老师看看！”小民抬起小腿，试着自己穿裤子了。

通过几天的观察，老师发现小民不会穿脱衣服，所以，每天午睡时，他就等老师来帮他整理。

4. 案例分析

（1）从上面的案例 2 可以看出，幼儿到一定的年龄其实已经学会了或者有兴趣去学一些基本的生活自理技能，可因为没有得到及时的鼓励，导致孩子没有坚持下来。老师经过了解知道，原来小民一直住在爷爷奶奶家，其实有一段时间，小民能够自己脱袜子、穿脱衣服，后来爷爷奶奶舍不得，就包办代替了，才造成他自理能力差的结果。其实像小民这样的案例在很多班级里都能发现，这种“包办代替”的家长也比比皆是。很多家长并没有意识到，自己的包办代替行为打消了孩子学习的积极性，使孩子错过了自己动手做事情的良好契机。

（2）在幼儿园，老师的指导策略很重要。教师需要作为幼儿的支持者、合作者、引导者，要根据每个幼儿的身心特点和教育规律，促进和引导每一个幼儿的进步。在案例 2 中，小民因为受到了老师的鼓励，不仅把衣服穿得越来越整齐，而且独立做事的兴趣和信心也越来越强了，久而久之，自理能力越来越强了。如果老师的指导训练方法过于简单、粗暴，没有耐心，必然会挫伤幼儿的自尊心和学习的积极性。

5. 教育措施

（1）与家长进行沟通，实现教育观念一致。引导家长为幼儿提供锻炼的机会和条件，放手让幼儿去尝试、去体验他要自己干的、能自己干的事情。比如在家里，自己穿衣服、扫地拖地、擦桌子、整理玩具等，餐后帮助大人收拾碗筷。

（2）从幼儿喜爱玩游戏的天性出发，老师可以采用游戏的形式教会幼儿学穿衣服、裤子和鞋子，把自理能力的培养寓于游戏之中，让幼儿在游戏中，在自己动手操作中进行能力培养。同时在培养幼儿逐步形成自理能力时，可以按照从少到多，从轻到重，从易到难的原则，鼓励幼儿做一些力所能及的事，多给他们一些鼓励，少一点批评，多一些引导，少一点包办。

（3）老师要尊重幼儿之间存在个体差异，对于每个层次的幼儿来说，提出的要求就需要有所区别，须因材施教，对待个别能力较差的幼儿要进行个别指导。比如案例中的小民，老师不能以较高水平来要求，不可强求，更不可鄙视，对他的点滴进步都应肯定。老师也可以采用"互助互帮"的活动，如在午睡起床后，请能力强的幼儿来帮助能力弱的幼儿穿衣服、鞋子、叠被子等。使能力强的幼儿体验到为他人服务的乐趣，也使能力弱的幼儿在内心形成自我提升的意识，并逐步提高生活自理能力。

（4）从儿童教育来说，幼儿园阶段是一个人养成习惯的关键

时期、最佳时期。好习惯的养成是一个长期的过程，老师要注意以后的巩固练习，要经常督促、检查、提醒幼儿，使幼儿良好的习惯得到不断的强化，逐步形成自觉的行为。

案例2：总是憋尿的孩子

1. 案例背景

幼儿刚上幼儿园，可能会因为贪玩、胆小、表达能力不强等原因而憋尿，长期憋尿对幼儿身体危害不可小视。幼儿憋尿会引起坐立不安，精神紧张，注意力分散，思维活动紊乱，胃肠功能和交感神经也会发生暂时性紊乱，血压明显升高。因此，家长和老师也应重视和教育幼儿养成良好的排尿习惯。

2. 案例对象

小星的妈妈向老师反映，小星每天放学后总是着急地要尿尿，而且感觉尿特别多，一副马上就要憋不住的样子，希望老师能给予帮助。

3. 案例

☆ 实录一 ☆

在进行区域游戏活动的时候，老师看到小星的神情比较紧张，有点坐不住的样子，左顾右盼，不能安心参加游戏活动。

【教师介入】

老师赶紧走过去，问："小星，你是不是要尿尿？"

"我没有尿。"

老师仔细观察了一下，发现小星的双腿夹紧，便耐心蹲下身，小声地对他说："没关系，老师陪着你，跟你一块上厕所好吗？"

这回小星没有拒绝，老师拉着他的手一起上厕所。

☆ 实录二 ☆

在午餐前，老师组织幼儿如厕、洗手。当老师叫到小星那组时，其他小朋友都排队走进厕所，只有小星没有起身，仍旧坐在座位上。

【教师介入】

老师来到小星的身边提醒说："我们马上就要吃饭了，大家都去小便，洗手了！"

他一个劲地摇头说："我没有小便。"

老师没有再要求小星上厕所。

午餐后，老师特意来到小星的身边对他说："我们要去散步了，要是憋着尿，肚子会痛的，到时还会尿裤子，好羞羞。"

小星一听，伸出小手示意要和老师一起去上厕所。

4. 案例分析

（1）家庭环境对于幼儿来说是最熟悉最有安全感的，而对幼儿园这个环境是相对陌生的，因此幼儿从家庭来到幼儿园这个陌生的环境，在生活上、情感上和心理上都会产生紧张情绪和不安全感，使得幼儿的日常行为表现得有点异常。有的幼儿尤其害怕幼儿园厕所里的蹲坑。有的幼儿因为憋尿，一天尿湿裤子好几回；有的幼儿从来不在幼儿园里大便，引起大便干燥；有的幼儿因憋大便而经常拉在裤子里。案例中的小星就是明显的例子，老师能够及时地发现他憋尿的不良习惯，并给予帮助。在老师的帮助下，小星已经取得了进步，能在老师的提醒、陪同下去如厕了。

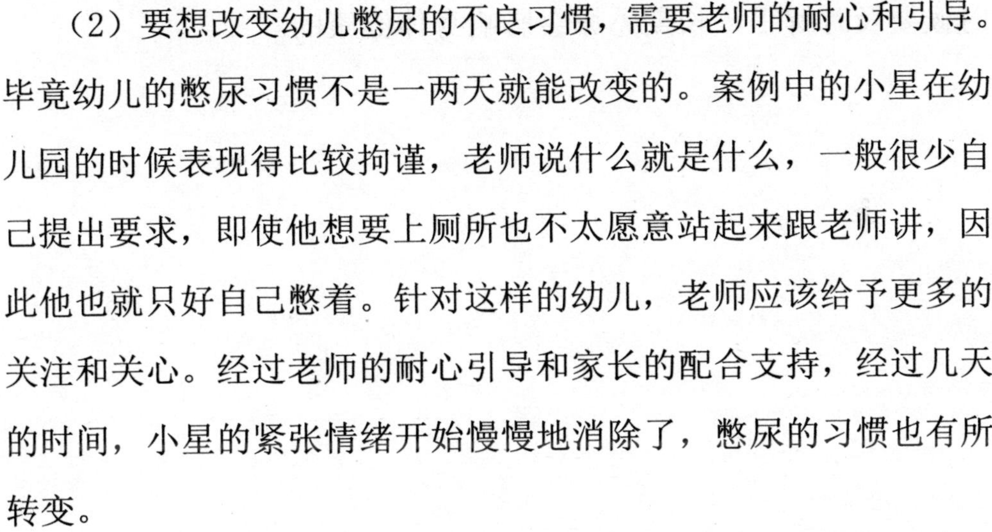

（2）要想改变幼儿憋尿的不良习惯，需要老师的耐心和引导。毕竟幼儿的憋尿习惯不是一两天就能改变的。案例中的小星在幼儿园的时候表现得比较拘谨，老师说什么就是什么，一般很少自己提出要求，即使他想要上厕所也不太愿意站起来跟老师讲，因此他也就只好自己憋着。针对这样的幼儿，老师应该给予更多的关注和关心。经过老师的耐心引导和家长的配合支持，经过几天的时间，小星的紧张情绪开始慢慢地消除了，憋尿的习惯也有所转变。

5. 教育措施

（1）家长要鼓励幼儿逐渐适应幼儿园的环境，消除拘谨、紧张的情绪，慢慢地让幼儿接受新环境、老师和小朋友，让幼儿的心理上对老师产生依赖感和安全感。

（2）幼儿园大多是定时喝水，定时如厕。如果发现幼儿有憋尿的习惯，老师应利用幼儿的心理特征，采取有针对性的措施，经常询问幼儿要不要上厕所，让幼儿能够逐渐地学会提出要求，

表达意愿，如果自己尿急的时候，可以请老师帮忙。从而帮助幼儿慢慢改掉憋尿的习惯。

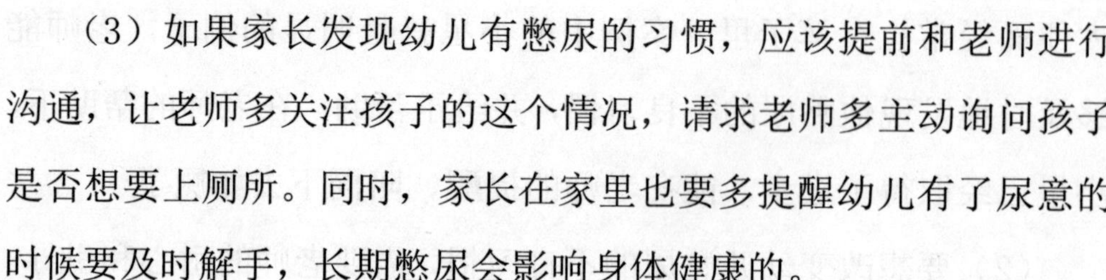

（3）如果家长发现幼儿有憋尿的习惯，应该提前和老师进行沟通，让老师多关注孩子的这个情况，请求老师多主动询问孩子是否想要上厕所。同时，家长在家里也要多提醒幼儿有了尿意的时候要及时解手，长期憋尿会影响身体健康的。

案例3：老师，我不会做

1. 案例背景

不论哪一个年龄段的孩子，无论他们做什么，他们想什么，总是特别期待得到别人的认可和肯定。大多数幼儿对于别人的评价显得非常在意，而在幼儿园里，老师的态度对于他们来说，则显得尤为重要。尤其是那些做事情不自信，总是习惯把“我不会”挂在嘴边的幼儿，更需要老师的鼓励评价和表扬，尽自己最大的可能培养他们的自信心，让他们不会再轻易说“我不会”。

2. 案例对象

在幼儿园里，老师发现天昊明明很多事情都会做，而且还做得很好，可他却总说 :“我不会。”

比如，玩积木，他明明会搭建出各种造型，却说 :“我不会。”

串珠时，明明自己会穿，却说 :“我不会。”

脱衣服午睡时，也总是说 :“我不会。”

3. 案例

☆ 实录一 ☆

在叠手绢活动时，老师和个别幼儿做完示范，并交代完叠手绢的方法后，其他小朋友都能够参与到活动中。

老师观察天昊拿到手绢后，他嘴里就一直不停地说:“我不会，我不想玩。”

过了一会儿，老师发现天昊用手绢叠了个小衣服，嘴里还小声说 :“小花衣真漂亮。”

老师经过他的身边时，他表情变得很慌张，立马团起手绢，说:“我不会，我不想玩！”

【教师介入】

老师对天昊说："你刚才折的衣服很漂亮呀，我都不会呢，你好厉害，能不能教教我们？"

天昊怯怯地说："我不会，我不想玩！"

他说完就趴在了桌子上，老师只好走开了。只见天昊又小心地将手绢折来折去。老师一直关注着他，并没有打扰他。

☆ 实录二 ☆

在户外活动时，老师组织幼儿玩"小刺猬找食物"的游戏。游戏开始后，天昊对老师说："我不会，我不想玩。"老师单独给天昊做示范，帮助他掌握动作要领，可是他看也不看，离老师远远的，很抗拒学。

【教师介入】

老师没有勉强天昊，只是观察他的举动，发现他在地上爬呀爬，爬呀爬，还学小刺猬一样，扭动着身体，捡地上的水果。老师走过去，叫他和小朋友们一起玩，他立马站起来说："我不会，我不想玩！"

4. 案例分析

（1）像天昊这样明明自己会做很多事情，可是当老师一问却总是说“我不会”的幼儿在其他班里也出现过，究其原因主要是他们不自信，对于老师的关注和询问表现出胆怯、害怕。比如案例 2 中，老师以为他没有学会动作，想单独教他，他表现出不愿意学，其实他已经学会，只是不敢在老师的面前表现出来罢了，这就是一种不自信的表现。

（2）幼儿的不自信大多是因幼儿家长的过分保护，造成幼儿不能独立地适应周围的环境，对事物缺乏正确的认识，自信心不足，不敢参加活动，不敢说话，不敢主动举手发言，回避集体生活，害怕老师，不管做什么事情都缺乏自信和主见。长此以往，这样会阻碍幼儿的健康发展。因此，家长和老师必须对幼儿实施正确的引导和教育，消除他们的胆怯心理，培养自信、勇敢的良好个性。

5. 教育措施

（1）发现优点，提高自信。父母是孩子成长过程中最具有影响力的因素，他们的教育方式和态度时刻影响着孩子的习惯培养和个性形成。作为老师，应该多和家长进行沟通，为了帮助孩子克服胆怯的心理，树立自信，应与家长共同营造让幼儿培养自信

的良好环境。例如案例中的天昊父母，如果在日常生活中发现天昊好的行为习惯应该多肯定和表扬，比如夸他会穿珠子，会画画涂色，会搭建积木等，让他认识到自己的优点和长处。

（2）独立自主，勇于表现。教师应充分认识幼儿是独立的、完善的主体，拥有极大的潜力。在幼儿园里，有意识地鼓励幼儿帮助自己做一些事情，勇于向大家展现和发挥自己的能力。比如帮助老师发杯子、发学习用品、发勺子等，对于幼儿的主动表现，老师要及时表扬和奖励，让幼儿感受到老师对自己的信任，从而变得越来越自信。

（3）创造机会，展现自信。家长应该多为幼儿提供展现自己的机会，使幼儿变被动为主动，从而达到彻底克服胆怯心理，消除不自信的目的。比如，让孩子多参加一些唱歌跳舞、模特步或者表情秀的活动，给孩子创造“出头露面”的机会，这样有利于帮助孩子克服胆怯，展现自信。

案例4：不爱睡午觉的然然

1. 案例背景

家长们对幼儿的身体健康，心理健康越来越关注。幼儿要有一个健康的身体，与良好的午睡习惯是分不开的。而在幼儿园里，午睡是幼儿一日生活中不可缺少的环节。然而，教师在实际的工作中会发现个别幼儿不爱睡午觉，等到下午活动时变得无精打采，直接影响着孩子的一日生活、学习和身心健康发展。研究表明，幼儿不喜欢午睡，睡眠不足，会感到精神疲倦，烦躁不安，吃饭

不香，爱发脾气，对孩子的健康成长造成一系列的负面影响。因此，幼儿教师不仅要为幼儿上好课，组织好活动，同时，也要注重帮助幼儿养成良好的睡眠习惯。

2. 案例对象

小班的然然是一个乐于助人的小男孩，性格开朗，就是有一个不良习惯——不午睡。每天上午他精神充沛，到了下午活动时间便变得精神疲倦，无精打采。通过与家长交流后得知，然然周末在家里，也没有午睡的习惯。

3. 案例

☆ 实录一 ☆

午睡后，小朋友们陆续地起床穿衣服，动作快的小朋友开始仔细地叠被子，还有几个小朋友坐在那里，等着老师去帮忙叠被子。然然第一个整理好衣服和被子早早地坐在那里。

【教师介入】

虽然老师知道然然中午没有午睡，被子根本没有打开，但是老师并没有因此而批评他，而是走过去对然然说：“然然，你愿

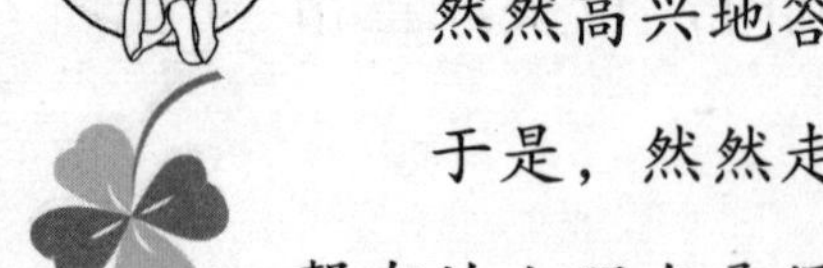

意去帮助他们叠被子吗？”

然然高兴地答应：“好！”

于是，然然走过去帮不会叠被子的小朋友把被子叠整齐，还帮有的小朋友叠得不整齐的重新叠整齐。

☆ 实录二 ☆

午睡时间又到了，然然躺下后开始翻来覆去，还和对床的其他小朋友说笑聊天，影响了安静午睡的秩序。老师走过去，小声地提醒他们要安静，不能打扰其他小朋友午睡。然然虽然安静下来，但还是睁着眼睛四处看。

【教师介入】

老师看到然然睁着眼睛东张西望，没有睡意，便走过去小声地对然然说：“然然，如果你能闭上眼睛，让自己安静地休息一会儿，那么起床的时候我就奖励你一朵红花，怎么样？”

然然高兴地点点头闭上眼睛。

老师便坐在他的旁边，一会拍拍他，一会哄哄他，帮助他睡眠。

4. 案例分析

（1）如果家长不重视孩子的午睡习惯，这样对孩子的成长是不利的。在睡眠时间上，任由孩子高兴什么时候想睡就什么时候睡，不想睡就不睡，还有些幼儿的午睡是由家长来安排的，今天有空就陪孩子睡，明天没有空就把孩子的午睡丢到一边去。在孩子上幼儿之前没有养成很好的午睡习惯。比如案例 2 中的然然，从小就没有午睡习惯。和家长联系后，家长反映他在家从来不午睡，因为没有养成午睡习惯，所以当然然上了幼儿园后，出现不午睡的情况。而周末在家时，由于然然的父母太忙根本没有在意孩子的午睡习惯，久而久之便养成了她不爱午睡的习惯。

（2）幼儿良好的午睡习惯，不可能在一个小时或几天之内养成，它需要一个长期的过程，而案例中的老师并没有一下子要求然然改掉不午睡的坏习惯，而是采用“循序渐进”的方式，让她慢慢地能够闭上眼睛，安静地休息，帮助他睡眠。

5. 教育措施

（1）要想让幼儿养成良好的午睡习惯，光靠幼儿园是不够的，还需要家长的配合。老师可以通过家园联系等方式及时与家长进行交流和商讨，向家长交流充足的睡眠对幼儿生长发育的重要性，

帮助家长提高认识，促使家长在家里培养幼儿养成良好的午睡习惯，使家园步调一致，相互配合。

（2）针对有不同午睡问题的幼儿，老师应该对症下药，不能强制要求。对于个别短时间很难入睡的幼儿，老师可以为他们做按摩，或者拍拍他们，督促幼儿按时午睡。而对于特别调皮的孩子，如果经过几次提醒后仍在玩闹或捣蛋，老师可以安排他到另外一个房间里午休，以免影响其他孩子的休息。为了帮助他们午睡，可以单独给他们讲故事，听一些舒缓的音乐。

（3）通过研究发现，如果幼儿在睡前运动量大容易导致他们精神兴奋，难以入睡。因此，老师应该合理安排午睡前的活动，可以安排一些安静放松的活动，比如看书、折纸、散步等，使幼儿入睡时情绪安定。

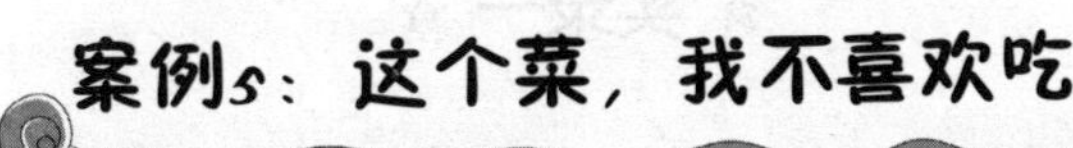

案例5：这个菜，我不喜欢吃

1. 案例背景

幼儿期是人体生长发育的一个非常重要的时期，科学的膳食、均衡的营养是幼儿健康的重要保证。有调查显示，我国 1-7 岁厌食症儿童中，83% 都是饮食结构不合理、饮食习惯不良和喂养不当所致。厌食、挑食等不良饮食习惯不仅会使孩子营养失衡，留下健康隐患，还会影响孩子的智力发育。

2. 案例对象

中一班的肖肖小朋友挑食现象特别严重。虽然挑食、偏食是现在孩子普遍存在的现象，但是像他这样挑食严重的为数不多，肖肖不吃苹果、蔬菜、煮鸡蛋的蛋黄等健康食物，只喜欢蛋糕、炸鸡、薯片、巧克力和冰淇淋等高热量食品。

3. 案例

☆ 实录一 ☆

午餐时，老师给肖肖盛了半勺米饭，还有少量的鱼香肉丝、菜花炒肉、西红柿蛋汤。其他小朋友们都津津有味地吃着。老师看到肖肖吃了几口饭，就歪着脑袋，皱着眉头发愣。

【教师介入】

老师走过去，询问肖肖："肖肖，怎么不吃饭呢？"

"我吃饱了。"

"吃得那么少，肚子饱了？"

"我吃饱了。"老师尝试着喂他吃，他刚吃一点儿，就全吐出来了。然后，他哭着怎么都不肯吃饭。

☆ **实录二** ☆

水果间餐时间到了，其他小朋友都开心地洗手吃水果。这时，只有肖肖坐在旁边，一脸苦闷，老师走过去对肖肖说："肖肖，怎么不去吃水果啊？我们一起去洗手吃水果吧。"于是，肖肖慢吞吞地走过去洗手。回到班里，他看了看水果餐盘里的水果，扭头回到座位上。

【教师介入】

老师拿着水果餐盘走到肖肖面前说："肖肖吃点水果啊，今天的苹果很甜的。"

"我不喜欢吃苹果。"

老师没有勉强肖肖，而是对肖肖讲了苹果的营养价值，还有吃苹果的好处，鼓励肖肖尝试一下苹果的味道，然后和大家分享一下。肖肖挑了一块最小的苹果，慢慢地吃了一口。老师看到后，高兴地表扬肖肖是个不挑食的好孩子。

4. 案例分析

（1）针对案例中肖肖严重挑食的现象，老师与家长及时进行了沟通，并询问其在家中的饮食情况。经了解，肖肖的父母对他非常宠爱，从小形成了他喜欢吃什么就吃什么，不喜欢吃什么就不吃什么的坏习惯。而肖肖的父母也没有形成正确的饮食观念，认为肖肖爱吃什么就是缺什么食物的营养，久而久之，肖肖的不良饮食习惯得不到纠正，逐渐养成了严重挑食、厌食的不良习惯。

（2）案例中的老师在纠正肖肖挑食、偏食习惯时，并没有对他施加过多的压力。针对肖肖这样的孩子，老师很好地把握好度，适当减少肖肖的饭、菜量，当告诉他吃完了可以再添，并及时地给予肯定、鼓励，减少孩子对饭菜的压力，这样，孩子在这样一种积极的良性循环的过程中才能逐渐地巩固，养成一个好的饮食习惯，把不好的习惯改掉。

5. 教育措施

（1）养成良好的饮食习惯。孩子挑食、偏食的习惯虽然是表现在孩子的身上，责任却在父母。任何一种习惯都不是一时养成的，也不是一下子就能马上改掉的。针对案例中的肖肖父母，教师与他们进行了沟通，帮助他们了解哪些食物多吃了对身体有害，而哪些食物对身体有益，懂得科学进食。同时也让他们了解到孩子良好的饮食习惯能有效增强自身免疫力，对身体健康有利。

（2）营造愉快的就餐环境。要想纠正孩子挑食和偏食的习惯，父母必须以身作则，为孩子树立好榜样。当遇到孩子不喜欢的食物时，家长应带头吃同样的食物，做好榜样。如果孩子做到不挑

食时，要给予肯定和表扬。父母努力为孩子创造一个愉快的就餐环境。

（3）树立不挑食、不偏食榜样。幼儿都具有争强好胜，爱好模仿的心理，因此好榜样在幼儿行为中起重要作用。老师应充分利用幼儿这个心理特点，在班级里定期树立不挑食、不偏食的榜样，激发幼儿产生“我也能这样做”的想法，并将自己原来的认识、行为与榜样进行对比，从而深化幼儿的认识，纠正幼儿挑食、偏食习惯。

案例6：“左撇子”的小志

1. 案例背景

幼儿园调查发现，年龄越小的幼儿，越显示不出用手的偏向性，在发育过程中，用手的偏向性是逐步显现的。小班的孩子通常是左右手开弓，所以在小班可以发现很多幼儿是“左撇子”。其实，孩子习惯用左手还是习惯用右手其实都是一样的，没有好坏之分。

小志是小班里唯一的“左撇子”，老师刚发现的时候，并没有干涉，仍是让小志继续用左手的习惯。

☆ 实录一 ☆

在美术活动时，小志因为用左手画画，不小心撞到了旁边的小雅画画的右手，两个人争吵了起来。老师走过来，帮助他们和解了矛盾。

【教师介入】

老师在平时安排小志的座位时，开始稍加留意，尽量让小志选择在桌子的最左侧位置坐下，这样就不会和其他小朋友的右手“打架”了。

☆ 实录二 ☆

在玩具区域角，小朋友都在高兴地搭积木，小志也在搭积木，

这时，小雅原本也想搭积木，看到小志在那儿玩，就拉着小奇说："奇奇，我们不跟小志玩，他是用左手玩的，就是跟我们不一样，我们不要跟他一起玩！"然后两人便走开了。

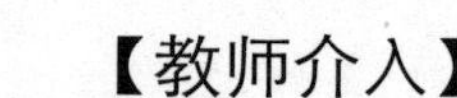

【教师介入】

老师在班级里告诉小朋友们，小志的"左撇子"只是一种习惯，与其他人没什么不一样。

4. 案例分析

（1）在小志"左撇子"画画、书写习惯的问题上，老师没有强迫他去改用右手，而是允许孩子用左手书写，同时鼓励他用右手尝试简单的数字书写和绘画，并在这方面给予小志一定的鼓励和认可。

（2）帮助左撇子孩子树立信心，并建立健全人格发展是非常重要的。案例中的老师在得知小朋友因为小志的"左撇子"而认为他"与众不同"，不愿意和他玩后，及时为小志树立信心，让他不要因为左撇子而烦恼。

5. 教育措施

（1）如果孩子疑问"我为什么是左撇子"时，家长要给予正确的解释和引导，有意识地让孩子明白，"左撇子"就是用左手习惯而已，和其他人用右手一样，而且在很多方面都有独特之处

和优势，帮助孩子甩掉一些负面的想法。

（2）老师应该根据“左撇子”孩子的情况来看，如果孩子并没有影响学习和生活，没有必要去纠正，顺其自然比较好，千万不可强行要求。在幼儿园活动中，教师可以有意识地鼓励左撇子孩子，主动锻炼右手。

（3）老师对“左撇子”孩子的尊重和认同是十分重要的，如果老师都觉得左撇子是“与众不同的人”，孩子的心理压力会很大，也不利于他的心理发展。因此，老师对于“左撇子”孩子应该给予更多的关心、尊重和宽容。

案例7：尿裤子没什么大不了

1. 案例背景

幼儿上幼儿园小班后，一般不会再出现尿裤子的现象。可是越来越多的家长发现，本来能管好自己上厕所的孩子，到了幼儿园又重新爱尿裤子了。这让家长和老师都感到很棘手。有的孩子在家里不尿裤子，可是上了幼儿园后就尿裤子，有个别的孩子一天尿湿好几条裤子。

2. 案例对象

毛毛是小一班的女孩，今秋刚上幼儿园。入园一个月，在家里从不尿裤子，可是在幼儿园里有时一天甚至要换两三条裤子。毛毛本身自理能力差，行动起来动作缓慢，情绪容易紧张。尤其天气转凉，孩子衣服都穿得厚实，小便脱裤子不方便，所以加重了她尿裤子的次数。本来就性格内向的她，变得更沉默寡言了。

3. 案例

☆ 实录一 ☆

中午，小朋友们吃完午饭陆陆续续起身回到活动角，可是毛毛一个人还坐在饭桌旁，手里拿着筷子没有起身。

老师走过去问："毛毛，你怎么还没吃完呢？"

毛毛回头看着老师，一副愁眉苦脸的样子，一声不吭。

老师以为她想要喂饭，便又问道："毛毛是不是想让老师喂饭吃啊？"

她摇摇头，还是不说话。

【教师介入】

老师看到毛毛没有继续吃饭的意思，便蹲下身，想问问毛毛发生了什么事情。却发现毛毛的裤子湿了，原来毛毛是尿裤子了，不好意思起身。

“毛毛，老师抱着你去换一条干净的裤子怎么样？”

毛毛点头答应着：“老师，我刚才小便的时候裤子的扣解不开。”

“不要紧的。”毛毛伸手抱着老师的脖子去换裤子了。

☆ 实录二 ☆

放学时，毛毛的妈妈在幼儿园门口一看到毛毛就问：“你今天怎么又尿裤子了！”

毛毛低着头，满脸通红。

“作为惩罚，今天回家不许吃蛋糕！明天我最后一个来接你！”

第二天，毛毛的妈妈果然最后一个来接毛毛。然而毛毛尿裤子的情况不仅没有改善，午睡时还尿湿了床单和被褥。

【教师介入】

老师和毛毛妈妈及时沟通了毛毛当天尿湿床单和被褥的情

况，并希望家长给毛毛选择衣服的时候尽量选择方便穿脱的裤子，最好不要带扣子或者拉链的。最重要的是，父母不要因为毛毛尿裤子而责备她，这样会增加孩子的心理压力，父母要放松心态，才能帮助孩子改变尿裤子的习惯。

4. 案例分析

（1）案例中的毛毛并不是因为身体的原因尿裤子，而是因为自我压力所造成的。当她遇到情绪不好或者紧张的时候，这样的情绪会给她的排泄系统带来消极的影响，造成小便失禁。比如，小便时裤子的扣子解不开，因为尿裤子受到了小朋友的嘲笑还有父母的责骂，而她又不愿意把这些不高兴的事情说出来，从而使心里不安的心情和情绪更加严重，经常尿裤子就是这种心理和情绪影响的结果。

（2）很多时候，家长会比孩子自己更紧张尿裤子这件事，一旦发现孩子尿裤子了，家长就会给孩子施加压力，有的家长还会打骂孩子。就像案例中毛毛的父母认为毛毛这么大了，还在尿裤子，觉得脸上无光，便在其他人面前当众责骂了毛毛，而且回到家里也因此惩罚毛毛。这在无形当中，加重了毛毛的心理压力，也造成了毛毛尿裤子没有得到缓解反而加重了。其实，孩子尿裤子是很正常的情况，当孩子出现尿裤子或尿床时，家长不要责备孩子，因为孩子还小，难免会有控制不住的时候，不要因为别人

家的孩子能够自己大小便而自己的孩子总是尿裤子就感到非常沮丧，相反，家长要帮孩子放松心态，根据孩子的具体情况多进行引导和纠正，等孩子慢慢地适应了幼儿园的生活，尿裤子现象自然就会消失。

5. 教育措施

（1）针对经常尿裤子的幼儿，老师一定要耐心地告诉孩子，尿裤子并不是什么大事情，很多孩子小时候都会尿裤子，帮助孩子缓解心里的紧张情绪。

（2）有的幼儿性格内向，害怕告诉别人自己尿裤子而受到责备和嘲笑，所以他们宁愿忍着也不愿意说出来。面对这种情况，老师要鼓励幼儿将心中的紧张心理向老师或家长吐露，勇于直接面对自己的事情，这样老师和家长才能帮助他们解决问题。

（3）在幼儿园里，老师也要多关注经常尿裤子的幼儿，多询问和观察他们的排尿情况。如果孩子尿裤子次数明显减少了或者没有了，一定要及时给予表扬和鼓励，为他们建立信心。

（4）要想纠正孩子尿裤子的情况，不但需要老师的付出，更需要家长与老师的相互配合。家长要告诉孩子，如果在幼儿园里想要上厕所就马上跟老师说，不要贪玩等到憋不住了尿裤子。如果脱裤子需要老师帮忙也要及时告诉老师，不要心急，不要害怕。

（5）最后，家长要注意选择孩子合适的衣裤。在给孩子选择衣服的时候尽量选择方便穿脱的裤子，而不要选择那些带拉链或需要扣扣子的裤子。如果家长给孩子穿很繁琐的衣裤，孩子自己不便于穿脱，那么就容易在上厕所的时候尿裤子。

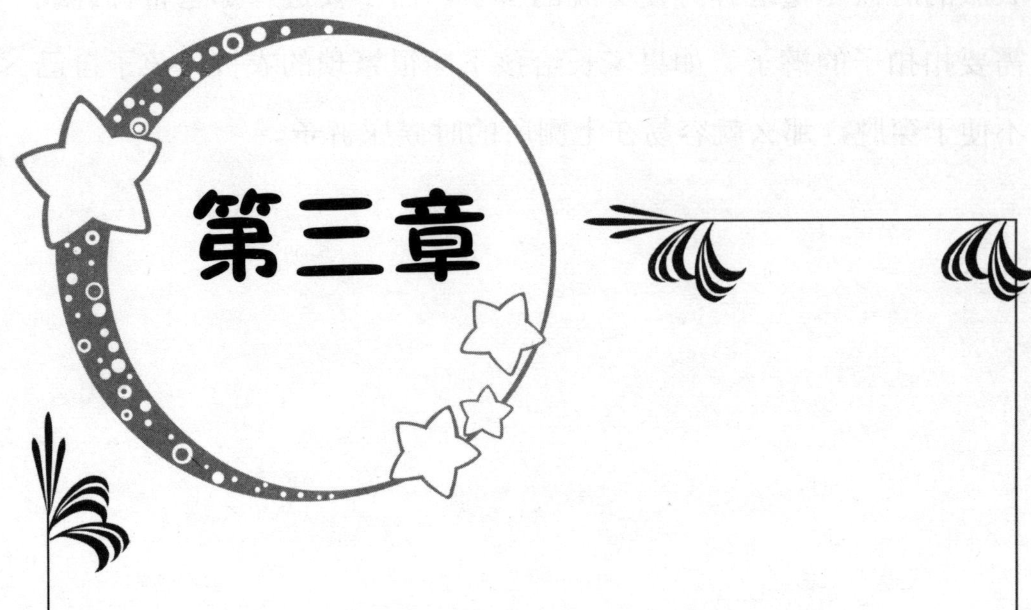

第三章

交往活动案例解读

案例1：插班生来了

1. 案例背景

每年，老师都会迎来个别插班的孩子，有的是从其他幼儿园转进来的孩子，有的是因为分班插到其他班级的孩子。这些插班的孩子需要重新适应新老师、新朋友、新常规，面对陌生的环境、陌生的人，他们往往会感到不安、忧虑、恐惧，甚至很苦恼，所以他们会面临如何融入新群体的问题。有的孩子会很快融入新群体，而个别的孩子经过很长一段时间后，仍然难以融入，甚至不愿入园。

2. 案例对象

刚开学不久，中班的插班生潼潼每天在幼儿园门口都要哭闹，紧紧抱着妈妈不让妈妈走，一旦被老师们强行抱入教室后，便哭得更厉害。她每天不说话、不吃饭、不喝水，总是不停地哭，对幼儿园的玩具、游戏等一切都不感兴趣，有时一整天也不去厕所大小便。

3. 案例

☆ 实录 ☆

下午户外活动，老师组织孩子们玩“火车钻山洞”的游戏。孩子们玩得特别开心，只有潼潼一个人站着不走动，一副惊恐的样子。

【教师介入】

老师走过去拉着潼潼的手，蹲下身问：“潼潼，你愿意和小朋友一起玩吗？”

潼潼眼中充满了害怕。“我给你介绍一个新好朋友好吗？”

于是，老师把“小班长”琪琪叫到跟前。

老师说："琪琪和潼潼都是一家人，你们拉拉手做好朋友吧。"

说完，老师把琪琪的手放到潼潼的手中，潼潼却迅速地把手撤了回去。

老师又拉过潼潼的手，把她们的手搭在一起，"潼潼放心，琪琪是姐姐，会保护你，照顾你的。"

潼潼点点头，接受了第一个好朋友。

4. 案例分析

（1）当插班的孩子进入到新的环境后，在短时间内对新的环境难以适应，不能尽快地融入集体，因此会导致孩子哭闹不止，怕上幼儿园，不愿意和小朋友交往等现象。就像案例中的潼潼，当她面对陌生的环境时表现出强烈的自我封闭，对老师和小朋友、对环境产生不信任感，不安全感，排斥甚至恐惧和小朋友交往，这些都是孩子正常的心理反应。这就需要老师帮助幼儿消除心里的恐惧感和戒备心理，让他们感到这里有很多可爱的小朋友，有和蔼可亲的老师。

（2）刚插班的孩子不熟悉幼儿园的生活，在进行上课、游戏和其他的一些集体活动时，会感到无所适从，不知所措，他们对自己的周围环境还很陌生。案例中的潼潼就是这样，在老师的帮助下，为她介绍了一个自理能力较强、胆大、活泼、热情、乐于助人的孩子做好朋友，有效地消除了潼潼在集体生活中的孤独感

和陌生感。

（3）插班生在日常的活动中仅仅有好的玩伴还是不够的，要想尽快使他们融入班集体中，适应幼儿园的生活，还需要老师和家长的关心、爱护。老师在活动中要有意地让他们多回答一些简单的问题，尝试给他们更多的机会去表现自己，让他们感到老师在关注自己。

5. 教育措施

（1）当班级里有插班生来时，老师应及时和家长做一些了解和沟通，对插班生有初步的了解，比如孩子的性格、爱好、学习的情况。这样才能有针对性地采取措施，与插班生之间尽快消除陌生感。

（2）为了减轻插班生的不安、害怕情绪，克服焦虑，老师可以组织让幼儿之间相互介绍，也可以举行一个欢迎仪式，在欢乐的气氛中，插班生比较容易忘掉“悲伤”，让孩子在新的环境中寻找和感受到快乐。

（3）帮助插班孩子消除孤独感、不安感，仅靠老师的关注和爱是不够的，还需要教师的人为干预，引导老生帮助插班生熟悉环境、参加游戏活动。只有当插班生感受到了小朋友对她的关心和接纳，她才会慢慢放松心情，更好地与他人进行交往。随着人际关系的融洽，插班幼儿会逐渐地融入到新的集体中。

（4）插班生刚接触新环境，可能会出现知识跟不上其他的孩子，家长要在转班之前客观地告诉孩子，让孩子一开始就有心理准备，以避免在上课和游戏的过程中，遭受挫败，产生不良情绪和自卑心理。同时，家长更需要鼓励孩子，让他深信自己能够做好，并配合幼儿园的安排，帮助孩子尽快进入角色。

案例2：我想和你们一起玩

1. 案例背景

据现状调查发现，当前在幼儿同伴交往中存在的一个突出问题是，有的幼儿在与同伴交往中缺乏社会交往的经验和技巧，因此往往会受到排斥或孤立。良好的同伴关系有利于幼儿身心健康发展。因此，教师应该培养幼儿交往的技能，帮助幼儿建立良好的同伴关系，促进幼儿同伴关系的发展。

2. 案例对象

天天在和同伴交往中表现出不恰当的交往行为，往往因为缺乏相应的交往技能而受到小朋友们的不欢迎或者排斥。

3. 案例

☆ 实录一 ☆

午餐后，老师组织小朋友们自由活动，大多数孩子都结伴玩游戏。老师发现天天一个人左顾右盼地寻找伙伴，而其他小朋友都没有邀请他一起玩。

过了一会儿，他拿起一个玩具走到搭积木的小朋友那里，大声说："谁让我玩积木，我就把玩具给谁。"

大家玩得很高兴，谁也没有理会天天。他又来到玩过家家的小朋友那里，高兴地说："我也想和你们一起玩，如果你们让我玩，我就把这个玩具给谁。"小朋友拒绝他说："这个玩具又不是你的！"天天只好失望地走开了。

【教师介入】

老师走到天天跟前问道："天天，你想和哪个小朋友一起玩

啊？”

“我想玩过家家。”

“那老师教你一句神奇的咒语怎么样？”

“好！”

“如果你想和别人一起玩的时候，可以这样说：‘我想和你们一起玩，可以吗？’这句话特别神奇，不信你可以试试！”

天天高兴地走到其他小朋友那里，很快和他们一起玩起了过家家。

☆ 实录二 ☆

在玩角色游戏时，天天扮演超市老板，货架上摆放着饼干、牛奶和果汁。

过了一会儿，饭店老板佳佳跑过来说：“快，我要买一个冰淇淋。”

天天找了找说：“没有冰淇淋，你要不要果汁？”

佳佳生气地说：“我的客人要冰淇淋，不要什么果汁。你到底有没有冰淇淋？”

“我这里有牛奶你买不买？”

“你这里怎么连冰淇淋都没有。”佳佳生气地走了。

【教师介入】

教师找出了一盒彩泥，走到超市递给天天说：“天天，老师给你出个好主意，用这些彩泥就可以做冰淇淋。”天天很快做好了冰淇淋。他高兴地把冰淇淋送给了佳佳，又用彩泥做出了很多客人需要的东西。

（1）有些家长认为，孩子在一起玩就是消磨时间，所以当孩子提出想要出去找朋友玩时，家长就会找出一些理由，阻止孩子出去找朋友。很多家长没有发现自己的行为在无意中限制和减少了孩子与同伴之间的交往。案例中的天天明显缺少交往的经验和技巧，不善于表达，不善于与他人沟通，所以在幼儿园里往往难以找到游戏的伙伴。

（2）由于幼儿孩子年龄小，缺乏社会交往的经验和方法，所以在与他人一起游戏时常常会出现各玩各的，或者互相争抢的现象。就像案例中的天天，因为缺乏交往的技巧，所以没有成为受小朋友欢迎的伙伴。

（3）幼儿之间交往的伙伴有一定的选择倾向性，他们更愿意和那些性格活泼、思维活跃、乐观开朗的幼儿在一起玩游戏。而那些不善交往的孩子往往交不到朋友，这时老师在组织幼儿活动时，应观察他们的行为，调节幼儿交往伙伴的对象，使他们能够积极地与小朋友们交往和合作，更为重要的是，能够在集体活动

中积累交往经验，学会交往技巧。

5. 教育措施

（1）老师首先要与家长进行沟通，向家长讲明白孩子与同伴一起游戏的意义，让家长知道孩子们在游戏中可以相互学习，合作，还可以学会如果与他人进行交往，让家长尽可能为孩子创造与同伴交往的机会，接触外界的机会，为孩子营造一个轻松、和谐、自主自由的交往环境。

（2）在日常生活中，教师和家长可以通过各种榜样和示范的作用，教给天天一些主动交往的技巧，引导他用分享、合作、交换、等待等方式与他人进行交往。比如，鼓励他把自己的图书、玩具与小朋友们一起分享，和小朋友一起分享自己高兴的事情，多向小朋友用拉手、拥抱的方式表示友好等。

案例3：快乐的生日会

1. 案例背景

在幼儿园里，我们不难发现活泼开朗、乐于与人相处的孩子容易受到同伴的欢迎和老师的喜爱，而个别以自我为中心、攻击性强、不合群的孩子往往缺少同龄伙伴，他们在与同伴交往的过程中，会出现打闹、抢玩具、不肯谦让等现象，在集体中不能很好地生活。作为教师，在日常生活中应积极为后者创设交往的机会，同时，教给他们一些必要的交往技巧，让他们能够学会与他人交往，喜欢与他人交往。

2. 案例对象

小新是一个非常好动的孩子，时常有攻击性的行为，日常表现也有些霸道。在很多时候，他其实也很想和小朋友交往，但又缺乏基本的交往技巧，所以大多数孩子不愿意与他玩，甚至有的故意躲避他，远离他。

3. 案例

☆ 实录一 ☆

在动手拼图活动课上，老师给每个小组发放完拼图后，便组织幼儿进行合作拼图活动。大家聚在一起你拿一块我拿一块开始尝试拼图。老师在每组之间来回走动，注意观察。这时，老师发现小新那组争吵起来了。原来，小新觉得自己的拼图不够用，开始阻止别人拿拼图，后来发展到用双手盖住拼图不让别人动，最后连身体也压到了上面，他的举动引起了其他小朋友的抗议。

【教师介入】

老师拉着小新的手暂时离开了课堂，并和他进行了一次谈话，让他意识到独占玩具是不对的，会得不到大家的喜爱，会失去好

朋友。同时，老师也尊重他愿意独立完成一幅拼图的想法，让他独享拼图一段时间。

☆ 实录二 ☆

今天是小新的生日，他的爸爸特意买了一个蛋糕送到幼儿园。老师和小朋友们特意为小新办了一个热闹的生日会。小朋友们高兴地为小新唱生日歌，而且小朋友们还送给他很多生日礼物。

【教师介入】

老师为大家照完相后，引导小新亲手给每个小朋友送蛋糕，并且让他对每个人说:“请你吃蛋糕。”小朋友们要礼貌地回答:“谢谢小新。”生日会上，小新和小朋友们热情地在一起拍照，吃蛋糕，十分快乐。

4. 案例分析

（1）在案例 1 中，我们发现小新身上主要的问题是不懂交往技巧，在与小朋友一起活动时还有打人、抢东西之类的攻击性行为，所以不被同伴接纳和欢迎。这种情况与小新在平时生活中缺少交往机会，缺少与他人互动有很大的关系。现在大多数孩子是独生子女，缺少玩伴，加之小新的一些负面行为，所以小朋友不愿与他交往,甚至有的家长告诉自己的孩子要远离小新这样的“危险人物”。久而久之，小新更加不能获得交往的经验，增强与他人交往的能力。

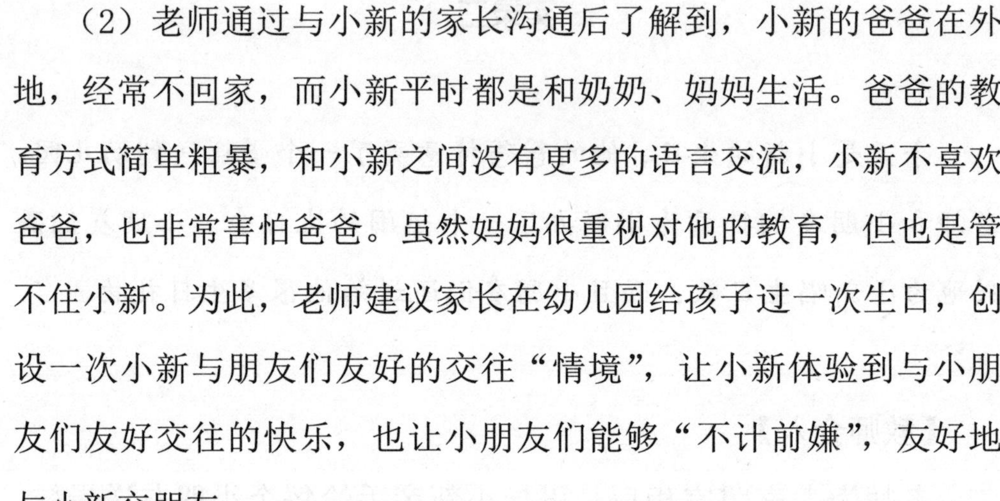

（2）老师通过与小新的家长沟通后了解到，小新的爸爸在外地，经常不回家，而小新平时都是和奶奶、妈妈生活。爸爸的教育方式简单粗暴，和小新之间没有更多的语言交流，小新不喜欢爸爸，也非常害怕爸爸。虽然妈妈很重视对他的教育，但也是管不住小新。为此，老师建议家长在幼儿园给孩子过一次生日，创设一次小新与朋友们友好的交往“情境”，让小新体验到与小朋友们友好交往的快乐，也让小朋友们能够“不计前嫌”，友好地与小新交朋友。

（3）通过老师的观察发现，小新除了不懂得交往技巧外，也不懂得交往的规则，向别人借东西时，不征得别人同意就私自拿走；和小朋友合作游戏时，不懂得协商也不会协商。作为教师，可以通过鼓励、赞许、奖励等外部激励方法，强化小新的正确交往行为，帮助他克服以自我为中心的习惯。

5. 教育措施

（1）教师要为幼儿创造良好的交往环境，指导幼儿学习正确的交往方法，为幼儿创设与他人合作、分享的机会。在游戏活动和日常生活的各个环节，促进幼儿积极与同伴合作，与同伴友好地交往。

（2）通过针对性的措施，帮助小新学习掌握与同伴交往的基本技能，文明礼貌，互相谦让，团结合作，帮助他结交玩伴，鼓励他与他人友好交往，告诉小新只有这样才会被大家喜欢，才能真正获得好朋友。

（3）使幼儿适应集体生活，必须教他们学会与同伴交往，而游戏正好是幼儿友好交往的重要途径。教师在日常生活中可以组织各种形式的游戏，促进小新与同伴之间合作，逐渐让他体验到友好合作带来的快乐，从而慢慢调整自己的各种行为，让自己变得被大家接受和喜欢。

（4）家长要逐步养成小新与同伴友好交往的习惯，并在交往中能够懂得游戏规则，学会谦让、容忍、礼貌等行为。久而久之，习惯成自然，孩子就会在同伴身上学到交往的规则和交往技巧。

案例4：不懂得合作的洋洋

1. 案例背景

现在绝大多数幼儿都是独生子女，不懂得和别人合作，更不知道如何去和别人合作。在未来竞争激烈的社会中，只有懂得与他人合作的人，才能获得广阔的生存空间；只有善于与他人合作的人，才能适应工作岗位中的集体生活环境，赢得发展。因此，从小培养孩子的合作与分享兼有的品质就愈显得十分重要。

2. 案例对象

在幼儿园里，洋洋总是喜欢一个人玩，不愿意融入活动中。虽然他反应快、灵活，爱动脑，是个聪明的孩子，但是不习惯和同伴合作、分享。

3. 案例

☆ 实录一 ☆

在玩具分享活动上，老师提前让孩子带一件自己喜欢的玩具，带玩具来的孩子还可以向全班小朋友介绍玩具的玩法。洋洋带来了一辆玩具车，当他向小朋友介绍玩法的时候，小朋友都很喜欢这件玩具，大家簇拥在洋洋身边都想玩一会儿。可是在分享玩具时，洋洋只愿意让小朋友看，却不准别人摸，更不愿意借给别人玩。

【教师介入】

老师走上前，鼓励洋洋说："洋洋的玩具车真漂亮，你愿意把玩具借给我们玩一下吗？"洋洋低头看了看自己的玩具车，犹豫了一下递给了其他小朋友。老师观察到，洋洋的视线一直没有离开过自己的玩具，也不让玩具离自己太远。

☆ 实录二 ☆

在一次户外玩沙的活动中，老师带着小朋友们来到了户外。孩子们围在沙池边上后，老师提出了玩沙的要求："今天呢，我们可以和小朋友自由组合一起玩沙，但是玩沙的时候一定要一起商量，分工合作，遇到问题时要一起想办法解决，好吗？"

"好！"

活动开始后，老师退到后面观察孩子们。

突然，贝贝大叫："哎呀，洋洋怎么这样啊，把我的小山都弄倒了，我不和你玩了。"

说完，贝贝找附近的思思一起玩了。蹲在一旁的洋洋找了一个空位置，独自一人开始玩沙。

【教师介入】

老师向洋洋走了过去，夸奖他说："洋洋太棒了，你的城堡真漂亮！我看见你正在建城墙，我来帮你吧？"

"好！"

于是老师和洋洋一起分工合作起来。

不一会儿，老师建议洋洋说："洋洋，我们建的城堡太大了，需要个小帮手，你看鹏鹏在那里一个人玩呢，我们能邀请他一起合作建城堡吗？”

洋洋看了看鹏鹏，说：“好啊！”老师便鼓励洋洋主动去邀请鹏鹏一起合作游戏。很快，城堡建好了，洋洋特别高兴地邀请其他小朋友来观赏。

“你们快来看啊，这是我和老师，还有鹏鹏一起建的城堡，很漂亮吧！”

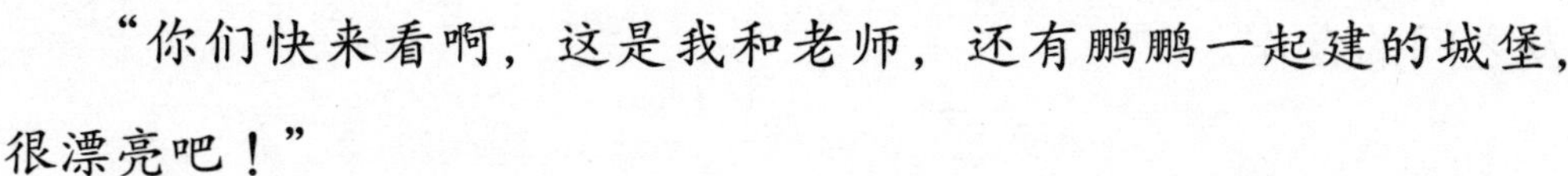

老师夸奖他们说：“你们俩合作成功了，真不错！老师相信你们以后的作品肯定会更棒！”

其他小伙伴们也不停地称赞。

4. 案例分析

（1）由于独生子女在家里缺少玩伴，与其他孩子玩耍的机会又少，常常只是一个人在家里玩，使得幼儿难以体会到与他人合作游戏的快乐。因此，教师要为幼儿创设一个与同伴自主交流的空间，引导幼儿做出合作行为，能较好地与同伴一同合作学习或游戏，进而提高幼儿的交往能力。

（2）由于幼儿各方面能力和经验有限，对合作过程出现的问题很难自行解决。因此，在活动中教师应巡回观察，及时满足孩子们的需求，加以纠正和引导。比如案例 2 中，正是因为老师的正确引导，才使得洋洋和小朋友能够建立合作融洽的关系，并促进了他们的互动，使合作愉快进行。

（3）在上述活动中，老师看到洋洋影响别的小朋友后独自玩沙，并没有责怪或者批评他，而是促使他在和老师的合作中能积极投入。当看到洋洋进步后，及时表扬他，同时鼓励她主动做出合作行为，邀请鹏鹏加入“合作游戏”中，从而培养洋洋与小朋友之间的合作。

5. 教育措施

（1）家园配合，教育一致。针对洋洋的情况，老师给予了足够的重视。

在一次放学后，老师和洋洋的妈妈进行了一次交谈，向她反映了洋洋在幼儿园参与活动时的一些情况，并告诉她懂得“合作”对孩子的成长是十分重要的，希望能够引起家长的重视。老师建议家长在平时的日常生活中要多关注洋洋这方面的表现，并采取相应的措施，可以多带孩子与他人交往，鼓励孩子和他人一起游戏活动，让孩子慢慢体会到合作游戏所带来的快乐。

（2）提供“分享合作”的实践活动。在日常生活中，老师可以根据孩子的年龄特点，以孩子的兴趣为出发点，为幼儿创造合作分享的机会。进一步强化幼儿形成合作与分享的意识，愿意更多地、自觉地做出合作与分享的行为。

（3）理解内涵，明确目标。教师要正确理解“合作”的意义，不要以为两个以上幼儿在一起生活、学习、游戏就是合作，而忽视合作与分享意识一起培养。只要引导幼儿在游戏、学习、生活中能主动配合、分工合作、协商解决问题，并能在活动中学会关心他人，与他人分享物品、情感体验等，才能真正让幼儿养成合作与分享的良好习惯。

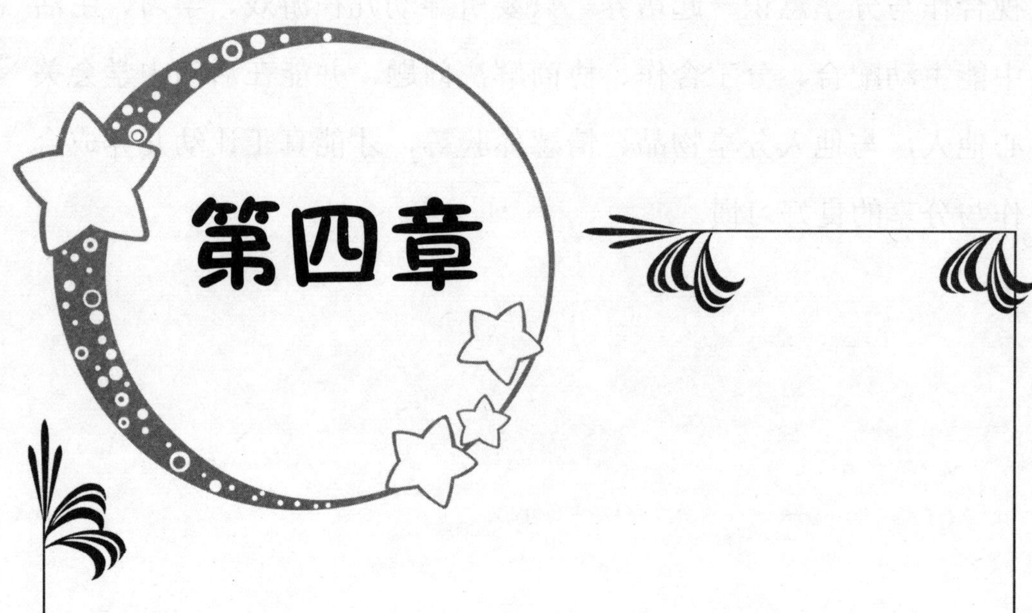

第四章

行为表现案例解读

案例1：判若两人的成成

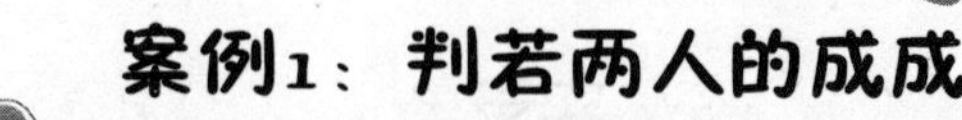

1. 案例背景

在众多幼儿中，多数孩子活泼好动，但也有为数不少的孩子平时沉默寡言，腼腆，说话声音小，但又偶尔能言敢为，表现出孩子那种爱动、贪玩、好奇的特点。作为教师，面对内向的孩子要抓住他们活泼、乐观的良好性格特点，有针对性地采取一定措施进行教育，尽自己最大的努力去改善他们内向的性格。

2. 案例对象

从开学到现在，老师发现每次主动找成成交流，他只是用一个字“嗯”来回应。老师观察发现每次成成的爸爸来接送他，成成也是默不作声。但是在幼儿园里，成成有时候也会变得很活泼，当他看到喜欢的东西就很开心、兴奋，天真的性情展露无遗。

3. 案例

☆ 实录 ☆

在一次节目表演排练前，老师指导小演员们认真地准备着。这时，老师发现成成被小舞台那边的道具深深地吸引了。他跑跳着来到小舞台的道具旁，开心地摸摸这个，瞧瞧那个。

其他小演员们大声喊：“成成，快回来！快回来！”

可是他根本没有听见，一会儿拿起孙悟空用的“金箍棒”，一会儿戴上孙悟空金色的“头箍”，真是开心极了。成成戴着“头箍”，手拿“金箍棒”忍不住跑到小舞台上手舞足蹈起来。

接着，他又发现了猪八戒的钉耙、大耳朵，沙僧的大胡子，还有唐僧的“白龙马”，他不管三七二十一，驾着“白龙马”竟然在教室里欢快地跑了起来。其他小演员们都被成成夸张的动作

给吸引了，顿时笑声响起，排练的秩序乱套了。

【教师介入】

老师走到成成身旁，蹲下来轻声地对他说："成成，白龙马好玩吗？"

成成点着头。

"可是你这样在教室里跑来跑去会影响大家排练节目的。如果你喜欢这些道具，待会我们拿到操场上去比赛，好吗？"

"嗯。"

"那我们现在一起回去吧。"老师拉着成成的手回到了大家身边。

4. 案例分析

（1）老师在平时接触中发现成成的爸爸也不爱说话，每次接送成成都没跟老师说过一句话，而成成的妈妈稍微好一点儿，有问题能主动找老师沟通，但与她的交流中发现，他们对成成在幼儿园里的生活很不重视，平时也不注重和孩子亲子交流。因此可以看出成成内向的原因主要是环境与教育的影响。如果父母的性格内向，孩子也可能内向，不愿意说话；但这并不是造成孩子内向性格的决定因素。就像案例中的成成，在不同的环境下判若两人，当他开心的时候，也会表现出胆大、活泼、开朗的一面。

（2）当成成看到自己喜欢的道具时，完全失去“理智”，没有考虑到现在是排练节目时间。他这样的行为完全是发自内心，而并不是故意捣乱。毕竟成成还是个孩子，自控能力差是很正常的，而且也不知道如何控制自己的情绪和行为。当老师看到成成这样的行为时，并没有大声地指责他或者批评他，而是小声地劝他回到大家身边，老师用这样的方式与成成交谈，不仅维持了课堂秩序，而且巧妙地让他既主动又快乐地回到大家身边。如果老师很生气地大声斥责成成，这样做很可能会吓到他，甚至会伤害到他，所以用强行制止的方法肯定是不行的。

5. 教育措施

（1）对于正常孩子来说，表演游戏能满足孩子的表演欲望，是非常刺激、新颖、好玩的，但内向的孩子很少主动要求表演。当成成显露出表演的欲望时，老师要抓住这个机会，让他单独展示。同时，引导成成在老师和小伙伴的肯定中，认识到自己的优点，并树立信心，乐于表现自己。

（2）当成成显露活泼、乐观的良好性格特点时，教师可以马上与他进行交流，引导他把自己内心的快乐心情与大家一起分享，创造时机，多鼓励他表现自己，引导他大胆地参加，让他在活动中体验成功与快乐，认识到自己存在的价值。

（3）每一个孩子都有自己的长处，作为教师要从发现成成的优点入手，及时给予肯定和鼓励，不断强化其积极向上的心理。多给幼儿一些鼓励，特别是内向的幼儿，哪怕是鼓励的目光，鼓励的拥抱，就会让孩子感受到一份信任，帮助他们在发展和成长的过程中勇敢起来。

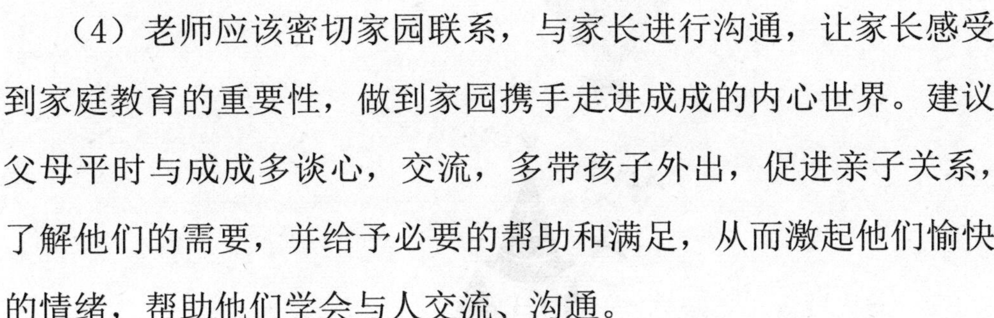

（4）老师应该密切家园联系，与家长进行沟通，让家长感受到家庭教育的重要性，做到家园携手走进成成的内心世界。建议父母平时与成成多谈心，交流，多带孩子外出，促进亲子关系，了解他们的需要，并给予必要的帮助和满足，从而激起他们愉快的情绪，帮助他们学会与人交流、沟通。

案例2：不断换玩具的背后

1. 案例背景

玩耍是孩子的天性，孩子是在玩耍中长大的。让小朋友一起玩耍，可以互相学习优点。而户外体育活动更能关注孩子的兴趣、爱好、发展孩子的特长。因此，幼儿园布置了一些十分有趣的体育器械，大大激发了幼儿参与体育活动的兴趣，使幼儿的身心得到健康的发展。

2. 案例对象

辰辰和其他小朋友一样，对新到来的“玩具”产生了极大的好奇和兴趣。可是老师发现他在一个小时的户外活动时间里，换了四五次器械。

3. 案例

☆ 实录 ☆

户外活动时，老师带领小朋友们来到了操场上的新体育器械，鼓励大家自由组合伙伴，自由选择器械进行活动。

辰辰跑到老师跟前说：“老师，我想玩卡丁车，可是卡丁车都被他们抢光了！”

“要不你先去玩一会儿蘑菇车吧，等会可以跟玩卡丁车的小朋友换一换啊，好吗？”

辰辰看上去有点不开心，就推着蘑菇车去玩了。

过了一会儿，辰辰又跑到老师跟前说：“我想玩卡丁车，可是他们都不和我换。”

老师看了看玩卡丁车的小朋友正玩得起劲，就劝辰辰说：“辰辰再等一会儿好吗？”

辰辰生气地推着蘑菇车走了。

【教师介入】

老师看到辰辰的情绪不好，留意观察到辰辰把蘑菇车放到了原来的位子，换了一个车轮球，玩着玩着又跑到滑梯的地方，玩了一会儿，又跑到剪刀车那里。老师看到卡丁车那边空出来一个，便问辰辰："辰辰，你还想玩卡丁车吗？那里有一个。"辰辰一看到卡丁车高兴地跑了过去。

4. 案例分析

（1）教师在活动中的角色是幼儿的引导者，而幼儿才是活动中的主体，让孩子们自由组合，自由选择，正是体现了尊重幼儿的主体地位。案例中，老师更多的是观察小朋友在活动中的表现，有目的地去了解和满足像辰辰这样个别幼儿的需要。

（2）因为小朋友们对刚买来的新奇的器械很好奇，很感兴趣。所以在自由选择时出现了不能满足大多数小朋友的意愿的情况，就像案例中的辰辰，一直无法满足自己的需要。这时老师应该出面进行干预，让大家轮流尝试新器械，避免个别孩子无法拿到自己想玩的器械，这样就会减少孩子之间发生争吵、争执的现象。

（3）除了幼儿园里的新器械，老师没有深入挖掘幼儿园里传统器械的新玩法，造成了孩子们的玩法单一，渐渐失去了兴趣。

比如案例中除了新器材卡丁车比较受欢迎，其他的器材都遭到了冷落。

5. 教育措施

（1）随着幼儿渐渐长大，参与游戏的能力也在不断加强，为此老师应该不断创新器材的新玩法，或者引导幼儿一起探究器材的新玩法，实现一物多玩，以满足孩子们的游戏需要。

（2）当出现个别器材不能满足大多数幼儿的需要时，老师应该及时引导幼儿之间相互谦让，避免发生争吵、争执的现象。

（3）在体育户外活动时，老师在组织幼儿进行丰富多彩的体育活动的同时，也要引导幼儿在交换体育器材时学会分享，帮助他们在分享和交换中会渐渐意识到，分享和交换并不会给自己带来损失，相反还会得到玩其他玩具的机会，这种积极的体验会不断地刺激幼儿主动与他人分享和交换。

案例3：孩子喜欢和玩具说话

1. 案例背景

老师在活动中经常会发现个别幼儿在一个人玩的时候，总是喜欢对玩具说话，而且十分投入。其实，孩子自言自语是从外部语言到内部语言的一种过渡形式。孩子和玩具说话时，思想很放松，畅所欲言，其语言充满了感情色彩，能够充分地表达自己的情绪、情感，在感情上得到宣泄和倾诉。

2. 案例对象

妞妞 4 岁了，是个文静可爱的女孩，老师发现她遇到自己特别喜欢的玩具时，滔滔不绝地对着玩具说话。即使其他小朋友主动找她一起玩，她也不理会，自顾自地和玩具“说话”。在家里，妞妞也喜欢和玩具说话，而不愿意和父母或者其他人说话。

3. 案例

☆ 实录一 ☆

在玩具区域角，妞妞选择了一个自己喜欢的布娃娃，独自来到角落，妞妞把布娃娃放在盒子上，高兴地说：“你好，我是妞妞，你叫什么？”

“你知道花兔子吗？”

“不知道也没关系，它是我的好朋友。每天我都喜欢抱着它睡觉。”

“你喜欢跳跳虎吗？”……

老师看到妞妞不停地自言自语，说起来还津津乐道，十分有感情色彩。

【教师介入】

老师没有打断妞妞，也没有阻拦她，只是在附近细心地观察她，了解孩子的想法和需要。

☆ 实录二 ☆

在宠物区，妞妞抱起一只小兔子来到一角坐下，对小兔子说：“兔宝宝，吃饭。”

说完，她就假装用手往兔宝宝的嘴里放东西。

“来！爸爸喂一口。”

“来，妈妈喂一口。”

妞妞边喂边说：“兔宝宝真乖，真是个挺好的好宝宝。”

一会儿，她又对兔宝宝说：“我们该睡觉了。”

说完，又把小兔子放在床上：“兔宝宝，妈妈给你唱首歌！”……

【教师介入】

老师看到妞妞沉浸在自己的想象故事中，并没有上前进行打扰。

4. 案例分析

（1）妞妞喜欢和玩具说话这个现象要引起家长和老师的重视，大多数喜欢和玩具说话的孩子说明他们有交流的需求，发自内心渴望与他人进行交流。但现实生活无法满足他们的交流需求，于是，玩具成了他们交流的第一选择。针对妞妞这样情况，如果家长和老师不采取措施干预，慢慢地喜欢对着玩具说话的妞妞可能会发展成不愿或不会和他人交流的孩子。

（2）人的言语有两种形式：出声的外部言语和不出声的内部言语。内部言语是人们默默思考问题时为自己所用的语言，而内部言语是在幼儿期儿童外部言语发展到一定阶段的基础上逐步产生的。案例中的妞妞，在和玩具说话时的语言其实是幼儿口语发展的一种形态，当发现孩子自言自语时，家长不要不以为然，要耐心琢磨他们的话，注意孩子的不解、疑惑，并给予一定的启发，帮助幼儿发展成真正的内部语言。

5. 教育措施

（1）应尽量给孩子创造“不独”的环境，带他们外出活动，多去有同龄孩子的亲戚朋友家串门，让孩子自己去沟通。家长还要学会和孩子交朋友，如果能学会用孩子的思维来思考问题，和

他们成为“密友”，孩子有了心里话，自然会找父母讲了。

（2）针对妞妞喜欢自言自语的情况，老师要正确地加以对待，不要斥责或者阻止她，而要在日常生活中主动与妞妞进行交往、亲近，在尊重她的想法以及个性表达的基础上，帮助和引导她发展内部语言能力。

案例4：“另类”的小朋友——美美

1. 案例背景

在幼儿园里，总是和老师对着干的孩子实在是令人头疼，老师说东，他说西；老师让他做这个，他偏要做那个；只要老师一要求他，或者批评他，他就“出口伤人”。老师要做的是消除孩子对自己的抵触情绪，而不是责骂或惩罚孩子。

2. 案例对象

在幼儿园里有一个很“另类”的小朋友，名叫美美。美美的父母都是知识分子，说话文质彬彬，可是美美却极有个性，不管对谁，始终都是一副抵触的样子，如果老师批评她，她马上就顶撞起来，而且说话特别难听。

3. 案例

☆ 实录☆

午餐前，老师组织小朋友分批去洗手。当轮到美美小组时，老师看到美美还在看书，就上前提醒道：“美美，要吃饭了，快点去洗手吧！”

“你走开！”

老师并没有生气，微笑地说：“美美，我们吃完饭再继续看书好吗？”

“我叫你走开！”

“美美这样说话不礼貌的。”

“再说再说，我不听！”说完，美美瞟了一眼老师，继续哼着歌看书。

【教师介入】

小朋友都开始吃饭了，美美还在继续看书。老师为美美盛好了饭菜，端在美美面前，提醒她记得吃饭。

4. 案例分析

（1）美美出现这样的状况有很多原因，但其中环境的影响非常大，孩子在 3 岁前的很多行为方式都是靠模仿，如果孩子在 3 岁前受到各种不良言行的影响，说粗话也是如此，那么他们就会情不自禁的模仿。而孩子 3 岁后开始将以前的经验进行选择固定。也就是说 3 岁是孩子幼儿园生活的开始，在此以前形成的经验孩子会在幼儿园里显露出来。

（2）美美总与老师对着干，其实也需要老师在自身上找到原因。为什么美美对老师有强烈的抵触心理？为什么美美不喜欢老师？老师先要以温和的态度与美美谈一谈，让美美在宽松、自由的氛围中发泄一下对老师的不满，这种发泄可以让孩子得到一定的心理满足，然后在交谈中寻找原因，化解矛盾，拉近与美美之间的距离。

5. 教育措施

（1）老师应该以平和的心态与美美父母反映美美的逆反行为和不礼貌的语言方式，让家长在生活中观察美美的每个细节，正

确引导她辨别是非，纠正不良行为，逐步增强孩子的自控能力。另外，父母要告诉美美，骂人、说粗话是不文明、不礼貌的行为，尽量让孩子避免接触周围不良的语言环境，让他们听不见脏话，学不到脏话。

（3）教师可以通过讲故事、做游戏等形式教会美美学用礼貌用语，减少她的不良行为，从而建立良好的行为规范。不良行为一旦成了习惯，纠正它需要一定的过程，为此，老师在帮助美美纠正不好的行为习惯时，要有耐心、恒心和爱心，这样才能鼓励孩子通过努力改掉坏毛病。

（4）3—4 岁正处在幼儿发展的关键阶段，在这个阶段，有些幼儿表现得非常叛逆、执拗。案例中的美美就是这样的孩子，她总是处处与老师对着干时，老师千万不要责骂或惩罚孩子，或试图压制他们，也不要孤立、抱怨他们，这样做只会加重孩子的对抗情绪，把孩子推到教师的对立面。最好的办法就是，多与孩子谈谈心，弄清楚孩子对抗老师的真正原因，然后对症下药，逐步消除孩子对老师的抵触情绪。

案例5：爱咬人的孩子

1. 案例背景

处于生长发育期的孩子总会有些奇奇怪怪的举动，爱咬人就是其中之一。对此，有关专家表示，1—3 岁时，宝宝爱咬人属于正常情况，但如果到了三四岁，还改不了这种行为，就要引起注意了。

2. 案例对象

然然是一个既聪明又活泼的孩子，自理能力很强 ，特别喜欢主动帮助老师。但是他有一个最大的缺点，就是当和其他小朋友发生矛盾的时候，喜欢咬人，很多小朋友都不愿意和他一起玩，个别的还有点害怕他，都离他远远的。

3. 案例

☆实录一☆

数学活动课上，孩子们正在开心地拼搭积木。突然，兮兮和然然两个小朋友争吵起来。

“给我，这是我的。”

“才不是你的，这是我的！”

“给我！”

“不给，这是我的！”……

老师赶紧走了过去，刚要把他们争抢积木的手拉开，可是为时已晚。然然生气地在兮兮的手上使劲地咬了一口。兮兮看见手上留下了两排深深的牙印，大声地哭起来。

【教师介入】

老师赶紧制止了然然的行为，并批评了他："然然，咬人是不对的。你应该向兮兮道歉,知错就改的小朋友,我们才喜欢啊！"

"对不起。"然然很懂事地向兮兮道歉并请求她的原谅。

事情处理完后，老师赶忙让保育员阿姨带着兮兮去抹药。

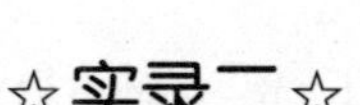

在读书区域角，小朋友都在看着自己喜欢的书。突然，洋洋站起身大声地哭了起来。

老师连忙跑过去，问他："洋洋怎么哭了？"

洋洋边哭边指着手说："然然把我的书抢走了，还咬我。"

只见洋洋的手上有一排深深的齿痕，周围的小朋友见洋洋哭了，也都跑来看热闹。

【教师介入】

老师看到然然正若无其事地看着刚刚抢来的书，便走过去问："然然，你为什么咬人了？"

"他抢我的书。"

"小朋友之间要互相谦让，你这样做可不对！"

"洋洋，对不起。"然然对洋洋说。

随后，老师带着洋洋去抹药。

4. 案例分析

（1）案例中的然然上了幼儿园后还经常出现咬人的行为，家长应该加以注意。因为然然的这种行为可能意味着他的情绪出现了问题，如不及时纠正，容易使孩子形成一种习惯，以为自己的行为没错，将这种方式转化成一种习以为常的攻击行为。

（2）然然这种咬人的行为与家庭教育有很大的关系。然然的父母反映，然然是家里最小的孩子，所以大家都宠他，养成了许多坏习惯，在家里不管什么事情都顺着他，他和同伴一起玩的时候，也是总以自我为中心，把什么玩具都归为己有，人家要玩，他就打，就咬，吓得其他孩子哇哇大哭。

（3）这个年龄段的孩子咬人并无恶意，他们还不懂得运用语言来表达自己想法和自己的情绪，以咬人这种方式来表达他们的思想和情绪。一旦发现孩子有这种咬人行为，家长和老师一定要制止，明确地告诉他："咬人的行为是不受别人欢迎的。"让孩子明白咬人是不对的，没有人喜欢咬人的孩子，只有改掉这样的行为才是好孩子。

5. 教育措施

（1）在平时生活中，家长要分析然然是不是因为要求得不到满足而发脾气，如果是，再考量他们的要求是否过分，不能一味地满足孩子的无理要求，通过开导，舒缓其紧张情绪，做到严爱结合。如果家长发现孩子咬人，不要动手打或大声斥责，这可能会使孩子因受到惊吓而变得心理压抑。

（2）每个孩子都喜欢听别人赞美的话，他们都希望引起教师对自己的关怀，所以老师可以鼓励然然用语言去表达自己的情绪和想法，而不是用咬人的方式发泄。

（3）老师还可以用讲述道理与赞扬的方法，让然然换位思考，体会被咬的滋味，让他意识到自己的行为给他人带来的伤害，慢慢地学会控制自己的情绪，改变自己咬人的行为。

（4）幼儿正处于自我意识萌发时期，往往会以自我为中心，有的幼儿霸占心理很重，认为什么都是我的，不会谦让；有的缺乏礼貌知识，正确的言谈举止。对于然然这种咬人的行为，老师可以以故事形式告诉孩子咬人是一种不良行为，让他感受被咬者的难过和疼痛，引导并教育他向对方道歉。同时也请家长配合，家园共同努力，尽快地消除孩子咬人的行为。

案例 6：一个不愿认错的孩子

1. 案例背景

幼儿犯错误是不可避免的，如果幼儿犯了错误之后，大人们老是一味地纵容，不加以指出和批评，那么时间长了，孩子就会不愿意承认错误或不敢承认自己的错误，那么他们就不可能改正错误，至少是不可能认真彻底地改正错误。因此，当发现幼儿犯了错误时，应首先重视鼓励他们勇敢地承认错误，这样才能帮助他们在认识错误的前提下改正错误。

2. 案例对象

萧萧是中班幼儿，活泼好动，性格开朗，自理能力很强，自己会做很多事情，平时也很喜欢帮老师和小朋友做事情。但是每当老师和小朋友指出他犯的错误时，他总是百般辩解，特别倔强，不肯认错。

3. 案例

☆实录一☆

为了帮助萧萧改正他爱辩解、不认错的坏习惯，早餐前，老师特意请一名幼儿协助自己演一出戏。

早餐时，老师让萧萧帮助她给大家发放牛奶和饼干。

“老师，我没有牛奶。”乐乐举手说。

“老师，我发给她牛奶了。”萧萧辩解道。老师故意没有理会萧萧。

萧萧发给大家饼干。

“老师，我没有饼干。”乐乐又举手说。

“老师，我发给她饼干了。”这回，萧萧生气地说。老师又什么都没说。

当萧萧发给大家餐巾纸时，乐乐又举手说自己没有。

这次，萧萧忍不住大声喊道："老师，乐乐在撒谎，我明明发给她了，她说谎话。"老师看到萧萧有了强烈的反应，便走过来。

【教师介入】

老师问乐乐说："乐乐，他发给你牛奶和饼干了吗？"

乐乐按照老师事先交代的说："没有。"

"你说谎，我明明发给你了。"

萧萧再也忍不住了，生气地指责乐乐。

"萧萧，你先别生气，以前你不也是这样的吗？当你做错了事，从来都不愿承认，还推到别人身上。你想想看，别人会难受吗？"

萧萧一听明白了，不好意思地点了点头。

4. 案例分析

（1）案例中的萧萧是班级比较优秀的孩子，在小朋友眼中是名副其实的"好榜样"，因此在他的心里慢慢形成了自己不会有什么不对的地方。当他被指出有错误的时候，自尊心很强的他不愿意接受指责，更不愿意认错道歉。

（2）通过向家长了解，萧萧在家中也有着特殊的地位：三代单传，爷爷奶奶、外公外婆及父母都对他百般宠爱，即使萧萧做错了事，也没人出面指出他的不对，长期以来，萧萧在家里养成了"唯我独尊"的习惯，不肯接受别人的批评和指责，也不肯承认自己犯的错误。

（3）案例中，在老师的精心安排下，让一直不肯认错的萧萧体会到了自己的付出得不到别人的认同，反而被小朋友冤枉的心情。同时，老师及时地抓住了这个时机对萧萧进行了教育，耐心地告诉他做错事没关系，关键是要勇于承认错误，改正错误的道理。通过这种方式，让萧萧换位思考，体验到撒谎时别人的心里感受。这样，他不愿认错的不良行为也会渐渐得以改正。

5. 教育措施

（1）针对萧萧在幼儿园里表现得自理能力很强，在家里却处处娇惯，依赖性很强的情况，老师鼓励他在家里要帮助父母做一些力所能及的事情。老师与家长进行了及时沟通，让家长多鼓励他做事，并适时地表扬他，以激发他积极向上的信心。

（2）老师与家长交换了意见，让他们了解萧萧在园的情况，并请他们配合老师的工作。当萧萧在家里做错事时，家长不应该再纵容他的犯错行为，而应该就事论事，当面批评，通过批评和讲道理，让萧萧明白，并不是他做的每一件事情都对，但只要勇于承认错误并不断改正，就是好孩子。

第五章

语言表达案例解读

案例1：说话结巴的淘淘

1. 案例背景

说话结巴是一种语言表达的障碍，也是一种心理行为的障碍。据一项调查显示，口吃发生的原因多与心理因素有关。幼儿刚学说话，由于语言功能不熟练，经常一句话需停顿四五次才能说完，这属自然现象，随着年龄增长，会逐渐消失。而 5 岁以上的儿童出现口吃，家长和老师一定要给予重视，从心理问题入手，尽早帮助孩子改变说话结巴。

2. 案例对象

淘淘平时是一个不爱说话的孩子，可是升入小班后，原本在托班说话挺流利的他，开始变得说话结巴，说话时一个字要重复好几次才能接着说下去。在着急或者紧张时，结巴现象尤其严重。老师和淘淘的家长作了沟通，家长也不知道孩子为什么会口吃。

3. 案例

☆ 实录一 ☆

午睡起床时，大多数的孩子都可以自己穿好衣服，老师帮助个别自理能力差的幼儿穿衣服。突然，淘淘大哭起来。老师转过头发现，淘淘正在着急地使劲拉扯自己的衣服。

【教师介入】

老师赶紧走过去问淘淘："淘淘，你怎么哭了？"

淘淘一直哭，也不回话。"淘淘，需要老师的帮忙吗？"

"老——老——师，我——"然后他就说不下去了。

"别着急，老师帮你穿衣服。"淘淘不哭了，使劲地点点头。

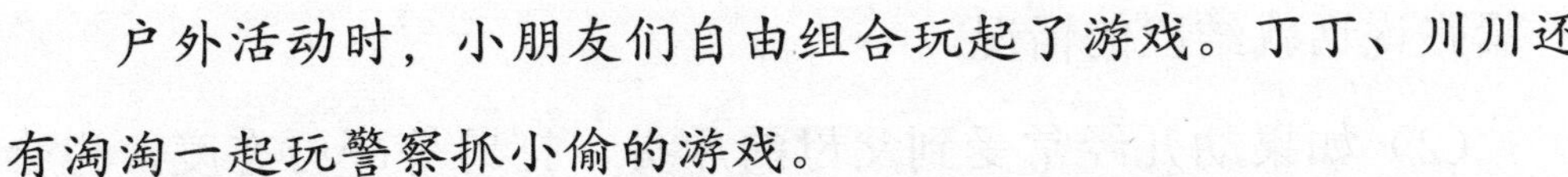

☆ 实录二 ☆

户外活动时，小朋友们自由组合玩起了游戏。丁丁、川川还有淘淘一起玩警察抓小偷的游戏。

“淘淘，你当小偷！”丁丁建议说。

“我才不当小偷，我要当警察。”淘淘流利地回答。

老师在一旁观察到，淘淘说话时并没有结巴。

“那好，我和川川当小偷，你当警察抓我们。”

三个小朋友高兴地追来追去。淘淘很快抓到了小偷。

【教师介入】

淘淘兴奋地又蹦又跳：“我抓到小偷啦！”

老师走过去对他竖起来大拇指，说：“你真棒！淘淘，真是个好警察！”

“我——我——我——是——好——好——警察！”淘淘说话又结巴起来。

4. 案例分析

（1）案例中的淘淘本来在托班的时候说话流利，升到了小班说话开始结巴，可以看出淘淘的发音器官是正常的，主要是心理原因导致了说话结巴。老师回想了淘淘在幼儿园的成长表现，发

现淘淘虽然不是个淘气的孩子，但是也不是一个乖孩子，平时老师给予他的表扬不多，更多的是提醒他不可以这样，不可以那样。因此，老师对淘淘的严厉态度可能导致淘淘一看见老师就紧张，一紧张说话就结巴的情况。

（2）如果幼儿经常受到父母的斥责、打骂等严厉态度，也会引起幼儿恐惧、焦虑等不良情绪，进而导致说话结巴。

据了解，案例中的淘淘平时在家里经常因为练琴的事情遭到父母的训斥和批评。刚开始，家长并没有足够重视淘淘说话结巴的事情，而是继续让他练琴，每次都指责他练琴不够认真，学得不好，淘淘每天因为练琴的事情总是要大哭一场，这样无疑加重了淘淘的紧张情绪，从而使说话结巴现象更为严重。

（3）据调查，多数说话结巴孩子的父母或者亲属都或多或少有这样的现象。幼儿在学习语言过程中，因为好奇模仿，觉得好玩，往往自己也变得说话结巴。案例中的淘淘也可能因此而结巴。

5. 教育措施

（1）老师与淘淘的家长进行了沟通，反映了淘淘说话结巴的情况，让家长多关心帮助淘淘，尤其在淘淘每天练琴的时候，不要给孩子太大的压力，提醒家长要多以鼓励的方式，消除淘淘的思想负担，和孩子说话时要保持平和的态度，当淘淘又出现说话结巴时，不要训斥，而要鼓励孩子说话时尽量放松心情，慢慢地

表达自己的想法，即使淘淘说不出来话的时候也要给他一点鼓励和安慰，避免他精神过于紧张。

（2）针对淘淘的情况，老师可以帮助淘淘在课余的时候说些简单的诗歌，由词到句，由短句到长句，老师在对孩子进行语言训练时，要注意消除孩子的不安心理，循序渐进，由易到难。

（3）在幼儿园里，老师还要留意其他小朋友对淘淘的态度，引导他们不要指责、嘲笑、模仿和过分关注淘淘，逐渐培养淘淘开朗的性格，鼓励他踊跃发言，敢于表达。久而久之，孩子的说话结巴会自然消失。

（4）老师应在平时多与淘淘进行交流，拉近与淘淘的关系，消除孩子对老师的“戒备和害怕”心理。在活动中，多鼓励淘淘主动发言，在集体面前展现自己，多帮助他，多和他交谈，让他感受到老师和小朋友对他的爱。

案例2：说方言的朵朵

1. 案例背景

幼儿园里的小朋友，可以说是来自四面八方，有的小朋友从小学会的是方言，当他们来到幼儿园时，大多数都很难适应幼儿园的语言环境，尤其当老师在上课和游戏时，会使用标准普通话，他们不易听懂。而且班里的小朋友们因为听不懂他们说的方言，也会慢慢地不理他们，不和他们说话，不和他们交往。因此，老师的首要任务便是帮助幼儿克服方言的影响，学习普通话。

2. 案例对象

刚入园的朵朵，在幼儿园不怎么说话，即便是开口说话，说的也是方言，老师听不懂，小朋友们也听不懂。当老师教孩子们唱歌跳舞的时候，她既不唱歌，也不跳舞，就坐在那里看；当老师讲故事的时候，她不发言，也不说话。经过了解，朵朵在上幼儿园之前都是外婆带大的，外婆说的都是方言，所以朵朵现在说的也是方言。

3. 案例

☆ 实录一 ☆

在入园时，老师组织小朋友相互向大家介绍自己时，朵朵因为不会说普通话，始终不肯开口说话。

【教师介入】

在这种情况下，老师鼓励朵朵和大家一样介绍自己，而且可以用方言来表达自己的想法，让朵朵也有表达、讲述和表现的机会。班主任老师特意请来了朵朵的妈妈当翻译，用普通话进行解

释和补充。

☆ 实录二 ☆

朵朵第一天入园，早操后对老师说："我要屙巴巴。"老师听了半天也没有听懂，急得朵朵指手画脚，可是老师还是没有明白。"我要屙巴巴，屙巴巴……"朵朵急得直跺脚。

【教师介入】

班主任老师看到朵朵急得满脸通红，赶紧给朵朵的妈妈打了电话，这才明白屙巴巴的意思是大便，赶紧带朵朵跑向厕所。

4. 案例分析

（1）通过老师的了解，在朵朵上幼儿园之前，父母曾把她接到身边坚持一段时间帮助朵朵学习使用普通话，可是当外婆来了后，因为外婆不会说普通话，也听不懂普通话，所以全家人又开始用方言进行语言交流，没有坚持继续为朵朵营造讲普通话的语言环境。

（2）幼儿从出生起，就具备了学习和掌握语言的基本潜能，但是最终的语言发展水平取决于周围环境的影响。正如案例中的朵朵，在家里和外婆、父母交流都是使用方言，所以朵朵也和外婆一样，不会说普通话，也听不懂普通话。再加上父母并没有为她创造讲普通话的语言环境，所以她在幼儿园里无法和老师、小朋友自如地用普通话进行交流。

（3）在案例中，因为老师事先了解到朵朵的语言情况，所以在朵朵自我介绍时，特别请来了朵朵妈妈帮助朵朵充当翻译，这样既为朵朵提供了表现自己和获得成功的机会，又让朵朵熟悉普通话语言环境，增强了她的自尊心和自信心。

5. 教育措施

（1）作为父母应该首先明白方言是传统文化的一种体现，具有相当的使用价值和文化价值。但是这不等于孩子不用学习普通话，不需要用普通话与他人进行交流。针对家里的情况，父母可以让普通话不好的朵朵外婆在平时可以尽量用简洁明了的短句与朵朵交流，这样能很好地避免乡音。而朵朵的父母虽然在家里不习惯说普通话，但是也要坚持为孩子营造普通话的语言环境。

（2）幼儿是通过模仿学习语言的，老师是孩子语言发展的引导者，模仿的对象，在幼儿园，教师无疑是幼儿模仿的对象，学习的榜样。面对朵朵的普通话表达能力接近于零，老师应该要给她提供正确的模仿榜样，用标准的普通话与她说话，在实践中注重培养朵朵养成讲普通话的良好习惯。

（3）当幼儿听不懂老师、同伴的语言，就很容易将自己封闭

在自我的空间里，缺乏与外界交流沟通的勇气。因此，老师要避免幼儿和老师、同伴之间出现这种情感隔阂。老师可以学习一些简单的方言方便与朵朵进行沟通，明白朵朵的需要。不要让朵朵因为语言不通而失去与老师、伙伴进行沟通的兴趣和动力。

（4）针对朵朵的特殊情况，家长应和老师建立良好的沟通关系，了解孩子的主要沟通障碍，做好心理工作，同时要鼓励朵朵听一些故事、儿歌，与孩子游戏等，提高孩子的普通话水平。

案例3：不爱开口说话的孩子

1. 案例背景

孩子语言发育的进展，从学习语言到语言表达，再到会书写，每个阶段都不容忽视。而个别幼儿因胆小、害羞，认生，语言表达能力不佳，而变得越来越不愿开口说话。这时，如果孩子得不到父母和老师的重视，将会直接影响孩子以后的社交能力。

2. 案例对象

小宇今年4岁，性格缅腆，说话声细细的，动作与神态就像一个小女孩。和老师说话时总是低着头，不肯说话。从来不敢与老师的眼睛对视，他的眼睛不是看别的地方，就是把头扭向一边。在平时活动时，与小朋友只是偶尔有交流，但是说话声音很小。

3. 案例

☆实录一☆

晨间活动时，幼儿在自区域角自由活动，老师在活动室来回走动观察。老师看到小宇和几个小女孩正在一起玩，看到他们玩得挺开心。当老师的目光和小宇对视时，小宇马上就转移视线，但是又总在用眼角瞟老师，表现出想要引起老师注意的样子。

☆实录二☆

户外游戏时，老师组织大家玩“老鹰捉小鸡”的游戏。当小朋友四散跑来跑去时，小宇突然紧紧地抱住了老师，老师想趁机捉住他，没想他一溜烟就跑掉了。老师注意到，小宇在游戏中玩

得特别开心，却不怎么说话。

4. 案例分析

（1）案例中的小宇不爱说话的主要原因是因为胆小、害羞，这样的孩子在每个班里都会出现。他们在老师面前往往不敢说话，在小朋友面前也不敢当众讲话。通过老师的观察，发现小宇接受能力很强，而且也有语言表达的欲望，只是因为缺乏自信，心理压力增加，总怕出错，所以不敢说话，表现出交谈的能力明显不如同龄孩子。

（2）老师与小宇沟通后发现，小宇只要在妈妈身边，就显得和其他开朗的小朋友一样，不但爱说话，而且声音也变大了。据了解，在家里小宇大部分时间是一个人跟妈妈玩，很少出去与小朋友玩，或邀请同伴到家玩。在小宇成长的过程中，和同龄人接触非常少，这对于小宇生理和心理的发育是非常不利的。孩子和同龄人接触的过程，也是学习如何与他人进行交流的一种渠道。

（3）小宇在幼儿园里不爱说话、不善交流，并不等同于他性格内向。性格内向的人在人际交往上可能是比较被动的一方，却是和他人有交流的。而小宇的情况并不是这样，他只是缺少语言环境的刺激，导致他不善语言交流。

5. 教育措施

（1）让幼儿多与他人进行接触和交流。在活动中，老师可以多创造机会让小宇与小朋友交往，请活泼开朗、语言表达能力强的幼儿与他成为好朋友，多和他聊聊天，带动小宇能够与同伴分享快乐，分担忧愁，开阔胸襟。

（2）让幼儿变得勇敢、自信。老师在平时可以有意识地增加小宇在班上的表扬次数，尤其在小宇擅长的方面，多肯定他，鼓励他，表示对他的欣赏，引导其他幼儿以小宇为榜样向他学习，让大家羡慕他、接受他、喜欢他，增强小宇的自我认可和信心。

（3）让幼儿打开内心世界。老师每天有意识地通过抚摸、拥抱等一些肢体接触，让小宇感受到老师的关爱。组织幼儿活动时多关注小宇，用信任的目光看着他，用亲切的语言与他交流，慢慢地和他建立起好朋友关系，拉近彼此的关系。

（4）让幼儿大声表达自己的想法。老师提醒家长要多关注小宇的内心需求，并多鼓励他就同伴交往中的趣事和体验与家长进行交流，尤其在人多的亲朋好友聚会场合，鼓励他参与交谈。

案例4：平翘舌不分的尧尧

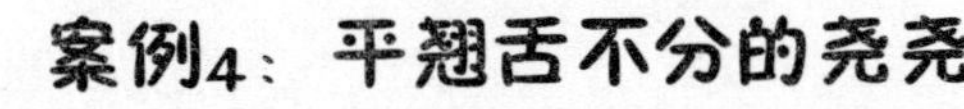

1. 案例背景

老师在教学拼音时发现，个别幼儿读声母 z c s 和 zh ch sh 时发音很正确，但是说话时却平翘舌不分，虽然经过纠正听读后好了很多，但是有时还是会出错，尤其是有方言口音的孩子，需要老师耐心地及时纠正孩子的发音。

2. 案例对象

尧尧，是大班的小朋友，非常聪明可爱，开朗活泼，但就是说话平翘舌不分。虽然他说话不清楚，却非常愿意说话，是班级里典型的“大嗓门”。

3. 案例

☆ 实录一 ☆

盥洗室，尧尧用他那特有的大嗓门跟其他小朋友发生了争吵：“这四（是）我的。你再扛（抢）我的，我就告诉老思（师）！”

琳琳学着尧尧的口气说：“这四（是）我的。”

凡凡也跟着凑热闹，模仿尧尧：“这四（是）我的。”

尧尧更加生气了，用更大的嗓门喊道：“这四（是）我的。不许和我扛（抢）！”

【教师介入】

老师听到尧尧的声音，赶紧跑到盥洗室，原来几个小朋友正在为了一块肥皂争抢呢。

看到老师来了，凡凡和琳琳也不敢吭声，只有尧尧一边大嗓门地告状，一边用手比划着："老思（师），他们扛（抢）我的肥皂。我刚洗嗖（手），他们就扛（抢）……"

老师让凡凡、琳琳和尧尧自己解决这件事，一起商量大家用肥皂的顺序，最后他们都友好地洗完手，去吃饭了。

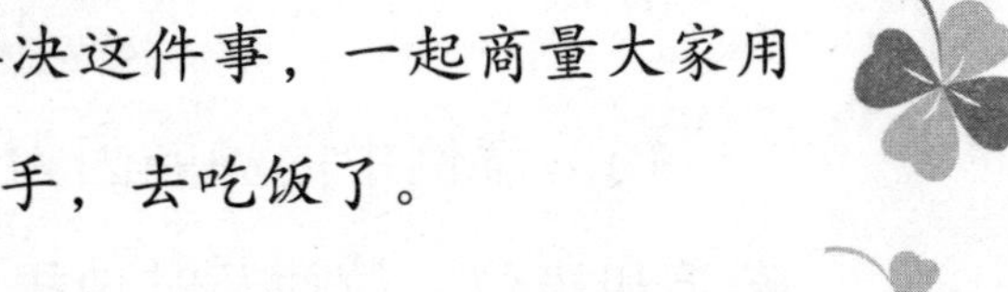

☆ 实录二 ☆

每天午睡后，大班的孩子们都能做到有序地起床，自己穿衣服，整理被子。

老师在一旁提醒大家："小朋友们真棒，别忘了把自己的被子也要整理好啊。"

小朋友们熟练地把被子折叠好，坐在床上等着老师去"验收"。这时，突然传来了尧尧的大嗓门声音："老思（师），我要窜（穿）衣服！"小朋友们一听，乱笑成一团。

【教师介入】

老师及时地阻止了大家的笑声，并告诉大家，嘲笑尧尧说话是不对的。

然后，老师走过去对尧尧说："有什么事情要举手告诉老师啊！大嗓门喊可没有礼貌呦！"

"字（知）道了，老思（师）。"尧尧说完，不好意思地笑了。

4. 案例分析

（1）案例中的尧尧因为平翘舌不分，经常惹来其他小朋友的嘲笑和模仿。教师及时地提醒周围的小朋友要尊重尧尧说话，不应该嘲笑和模仿尧尧的吐字不清，以免尧尧产生自卑心理而影响其语言能力的形成。

（2）正确发音对幼儿的语言发展起着极为重要的作用，因此老师针对尧尧说话时平翘舌不分的情况及时与家长进行了沟通，让家长在家里如果发现尧尧说话平翘舌不分时，要及时加以纠正，因为幼儿的错误发音只有在其刚刚出现时才最容易纠正，否则一旦其形成固定的发音再纠正就十分困难。

（3）当教师听到尧尧的错误发音后，及时地对他进行正音训练，使幼儿在正确的语言环境中得到正确的训练，帮助他形成良好的语言习惯。

5. 教育措施

（1）教师的正确示范。老师在示范发音时，要考虑到尧尧听和看两个方面的能力，以便他模仿，有时配合示范，还需要有合适的讲解。

（2）帮助幼儿练习发音。练习对于任何学习都是非常重要的，而幼儿语言能力训练更需要经常性的练习。

练习包括听音练习和发音练习。老师在语言教学时可以通过拟声故事、绕口令或观察图片、实物，让尧尧专门练习发音，或是在日常生活中随时随地进行练习。也可以教尧尧背一首短小的儿歌来练习发音，练习要进行得自然、有趣。

只要尧尧有点滴进步，老师就要鼓励，不断激起他学习语言的积极性。而在家里，家长可以让尧尧进行口语交谈、讲故事、念儿歌、猜谜语、练习绕口令等不同途径，帮助尧尧提高口语的发音能力。

（3）及时纠正错误发音。当老师与尧尧进行对话、交流、讨论时，要及时纠正尧尧的错误发音或纠正病句，促进尧尧口语的发展。当尧尧发音正确时加以表扬，帮助尧尧增强自信心，使其敢于表达。

（4）多做口部运动。老师引导尧尧辅助以口部运动，多做舌头的振颤，发不同的音节让孩子模仿，以此锻炼孩子舌头的灵活性。

案例5：说话不完整的宣宣

中班幼儿在语言表达时对画图的描述不完整，通过对幼儿教师的教学行为进行观察，与家长交谈并进行分析总结，发现影响中班幼儿语言表达完整的因素有幼儿教师、家长以及幼儿。

宣宣是中班的小朋友，不但活泼、开朗，而且善于与其他小

朋友交往。在平时与她进行对话后发现，她在回答问题时，语言不够完整，只是回答关键词，没有说出完整的话。

3. 案例

☆ 实录一 ☆

在某次语言活动中，老师向幼儿出示了一幅主题图片，图片上有一只猫妈妈在钓鱼，一只小猫在旁边看。老师提问说："大家仔细看看图片，你看到了什么？"

宣宣马上举手回答："有猫妈妈。"

"不对，还有小花猫。"明明反驳道。

大多数的幼儿回答说："猫妈妈和小猫。"

【教师介入】

老师看到大家回答时都没有说出完整的话，提醒幼儿说："我们在回答问题时要说完整的话呦！我的问题是'你看到了什么'，那你回答时就要说'我看到了……'开头。现在，我要看看谁能说出完整的话！"在老师的提醒下，幼儿们在回答这个问题时都能表述完整。

☆ 实录二 ☆

在"保护眼睛"的健康活动中，老师提问："我们在生活中

可以做什么事情来保护眼睛呢？”

宣宣主动回答说：“吃蔬菜。”

老师回应：“不错，是个好办法。”

丁丁回答说：“少看动画片。”

老师回应：“真棒！”

4. 案例分析

（1）在案例中可以看出，当幼儿回答问题出现不完整的现象时，如果教师马上提示幼儿“说完整的话”，幼儿能够意识到或做到回答问题要说出完整的话。但在实录二中，如果教师没有作出反应，也没有提示幼儿，幼儿很难会自觉地意识到在回答问题时应该说完整的话。

（2）通过对案例的分析，可以看出幼儿宣宣出现说话不完整的现象并不是个别现象，而是中班幼儿整体现象。大多数幼儿在回答教师的问题时，只是回答了关键词语，而没有完整地讲述自己看到的事物，在语言表达中，内容的全面性还很欠缺。

（3）在实录二中，教师在总结宣宣的回答时，只是说“不错，是个好办法。”没有能够说完整的话。教师语言示范不够完整，对幼儿语言表达的完整性具有较大影响。

（4）中班幼儿所掌握的词汇量不够多，不能完整表达他们的意思，所以在案例中出现了表达缺乏条理，漏掉人物等，幼儿只会注意他们感兴趣的。

5. 教育措施

（1）在语言教学活动中，教师应重视自身语言示范要完整，为幼儿起到良好的榜样示范作用。

（2）教师应为幼儿创设宽松的表达的环境。多开展议论性话题，增强对幼儿语言表达完整性的意识，经常鼓励幼儿完整说话，在不断交流中促进幼儿语言表达能力的提高。

（3）教师应鼓励和帮助幼儿养成完整说话的习惯，当幼儿在表达不完整时及时提醒幼儿“可以完整的说一遍吗？”使幼儿逐渐学会用完整的句子讲述，帮助幼儿养成完整说话的习惯。

（4）家长要积极配合教师工作，在平时生活中，应尽量抽出时间陪伴幼儿，和幼儿一起看看书，讲讲故事，给幼儿创造丰富积累词汇和语句的机会。此外，家长要鼓励幼儿完整说话，培养幼儿完整说话的习惯。

结语

随着社会的发展，现代幼儿教育存在诸多问题，如父母偏重幼儿能力培养而忽视情感教育、隔代抚育的普遍存在、家长对幼儿的过分宠溺等，这些行为催生出诸多不利于幼儿健康成长的生活或心理问题。这就要求幼儿教师将研究重点放在家园合作及对幼儿良好行为习惯的培养上。

本书从性格、习惯、交往、行为、语言五大方面入手，截取了实际教学工作中可能出现的案例活动，结合案例情景，给出科学的分析解读以及针对性强的解决方案。为幼儿教师有的放矢地解决教学过程中的各种实际困难，提供科学、有效的参考方案。

幼儿教师的素质决定着学前教育的质量，每一位教师都应具有终身学习与持续发展的意识和能力。幼儿教师的专业化成长是一个长期的过程。希望这本书能为广大幼儿教师做好家园共育提供帮助，并结合个人的实践与积累，形成更多具有特色的教学经验成果，达到保障幼儿健康成长的目的。